우주맘의 사계절 튼튼 면역력 유아식

우주맘의
사계절 튼튼
면역력 유아식

365일 아프지 않고
잘 크는 면역 밥상

김슬기 지음 · 조한경 감수

쌤앤파커스

건강하게 잘 먹이면
약이 필요 없어요!

초가공식품이 범람하는 시대에 아이를 건강하게 키워내는 것은 생각보다 쉽지 않은 도전이다. '초간단 유아식 레시피', '3분 만에 만드는 유아식'…, 간편함과 속도가 새로운 가치로 떠오른 시대에 걸맞는 영상들을 쉽게 접하게 된다. 간편한 게 좋다고 자주 보고 따르다 보면, 그 유아식은 집에서 만드는 패스트푸드에 불과하다.

현대인이 먹는 평균적인 음식을 아이에게 먹이고 키운다면 현대인의 평균적인 건강을 기대하면 된다. 아토피와 알레르기, 천식과 같은 자가면역질환을 달고 영유아·청소년기를 보내다가, 이르면 30대부터 과체중, 당뇨, 고혈압, 비만을 얻는 것이다. 이것이 요즘 사람들의 흔한 건강 상태다. 어릴 때 길러지는 입맛의 중요성은 말로 다 표현할 수가 없다.

유아식 책은 발에 차일 정도로 흔하지만, 내 아이의 유아식을 만들 때 참고하고 싶은 책은 많지 않았다. 선물로 줄 만한 책들도 흔치 않았다. 글루텐, 유제품, 정제 가공당, 식품첨가물을 제외하라는 조언은 흔하지만, 영양학적 균형까지 고려한 책은 별로 없었다. 여전히 정제 탄수화물을 주식으로 삼고, 포화지방을 위험하게 여기는 50년 전 영양학 정보에 기반하고 있기 때문이다.

《우주맘의 사계절 튼튼 면역력 유아식》의 감수를 의뢰받고 걱정이 앞섰다. 마트에 가면 유아용 가공식품이 즐비한데, 집에서 번거롭게 만드는 유아식이라니 말이다. 5분짜리 영상을 보는 것도 버거워서 1분 미만 영상에 익숙해진 현대인에게 허공에 외치는 메아리가 되지는 않을까 하는 걱정이었다. '건강한 유아식'이 너무나 부담스럽게 다가왔다. 하지만 기우였다. 우주맘 유아식은 달랐다. 어렵지 않고 생각보다 유별나지 않다. 단 몇 번의 조리만 거치면 만들 수 있는 간편한 유아식이다. 건강한 음식은 조리단계가 단순하다. 자연에 가까울수록 단순한 법이다.

이 책은 그저 유아식을 만드는 요리책이 아니다. 내 아이를 위한 엄마들의 '영양학 교과서'다. 책 속에 담긴 최신 영양학 정보들은 값을 매길 수 없을 정도의 가치를 지니고 있다. 질병의 원인이 되는 음식과 환경을 바꾸자는 감수자의 저서 《환자 혁명》을 유아식 버전으로 만들면 이럴까 하고 상상했던 모습의 책이다. 드디어 젊은 엄마들에게 선물할 만한 책이 생긴 것이다. 미래 세대의 건강을 생각하는 모든 분에게 권한다.

조한경

흰쌀밥을 안 먹이는
미친 엄마가 있다고?

아이들이 아픕니다. 면역력이 약해 툭하면 바이러스성 질병에 시달립니다. 알레르기, 아토피, 천식, 과체중, ADHD 같은 것들이 흔해졌습니다. 이제는 5세 아이가 지방간에 걸리기도 하는 세상입니다. 저는 명확한 이유를 알고 있습니다. 당연히 해결책도 알고 있지요. 하지만 아이를 낳고 보니 세상은 다른 말을 하더군요. 근본적인 원인은 해결하지 않은 채 증상만 완화하는 방법을 알려주고 있었습니다.

　　30대 초반까지 가방에 화장품보다 약이 많았던 저는 이 병원 저 병원에 돈 쓰는 게 일이었습니다. 다른 해결책이 필요했습니다. 2015년의 어느 날 저는 몇 건의 해외 자료를 접했습니다. 사람이 아프고 병드는 것이 잘못된 음식 때문이라는 사실과 우리가 알고 있었던 영양 상식이 틀렸다는 충격적인 내용이었지요. 탄수화물을 줄이고 지방 섭취를 늘리라는 것이 골자였습니다. 심지어 어떤 자료는 지방 섭취를 전체 식사에서 70%까지 늘려야 한다고 말했습니다. 이렇게 먹으면 온갖 염증성질환이 사라지는 것은 물론 체지방이 쭉쭉 빠진답니다. 믿기 어려워 1년간 시도는 못하고 관련 논문과 자료를 읽으며 공부만 했습니다.

2016년 7월 드디어 식단을 바꾸었습니다. 몸이 건강해지고 마음이 편안해지니 세상을 바라보는 시야가 달라졌습니다. 그러자 어떤 의사도 해결해주지 못했던 여러 질병이 개선되고 완치되었습니다. 2020년에는 기적과도 같은 아이, 우주를 임신했습니다. 식단을 바꾸고, 10년 넘게 이어온 수면장애, 다낭성난소증후군, 과민대장증후군, 알레르기, 만성 두통, 식이장애, 천식 등을 해결하고 첫아이를 임신한 것이죠.

아이의 첫 집인 제 몸이 건강하기를 바랐습니다. 탄수화물을 줄여 먹는 것만이 아니라 더욱 건강하고 깨끗한 식재료를 먹기 시작했습니다. 인공적인 것은 최소화하고, 탄수화물의 섭취는 낮추면서 아기가 자라나는 데 꼭 필요한 질 좋은 지방을 추가했습니다. 이른 저녁 식사를 마친 이후로는 아무것도 먹지 않았고요.

"임산부에게 가장 자연스러운 식생활은 무엇일까?" 이 질문에 제가 내린 답은 단순했습니다. 혈당을 지나치게 올리지 않으면서 아이에게 필요한 질 좋은 영양을 충분히 공급하는 자연식입니다. 생각보다 많은 엄마가 "임신했을 때는 무조건 잘 먹어야 해!"라는 말을 왜곡해서 받아들인 결과로 너무 많은 가공식품과 당분을 섭취하고 있습니다. 태아에게 안 좋은 영향을 미칠 수밖에 없겠지요.

모유의 지방 비율을 고려한 신개념 이유식

우주를 임신하고 이유식과 유아식을 공부하기 위해 서점에 들러 책을 찾아보았습니다. 모든 레시피 책을 들여다본 뒤 마지막 책을 내려놓으며 실망감이 가득한 깊은 한숨을 내쉬었습니다. '진심으로 이걸 아이에게 먹이라는 건가?'

아무리 생각해도 이해되지 않았습니다. 아이가 태어나서 몇 달 동안 먹는 유일한 자연식인 모유는 지방이 절반 이상을 차지합니다. 그렇게 지방을 풍부하게 먹던 아기들이, 이유식을 먹을 때가 되면 필요한 지방량이 급격하게 줄기라도 하는 것일까요?

한국식 이유식은 흰쌀로 만든 미음으로 시작합니다. 거기에 소량의 채소를 넣어주다가 약간의 소고기나 닭고기를 넣어 변화시킵니다. 아기가 아직 소화력이 약하고, 어떤 알레르기 반응이 있을지 알 수 없으니 소화가 쉬운 미음부터 시작하는 것은 이상하지 않습니다. 모유역시 약 40%는 탄수화물이기에 아기에게 탄수화물이 필요한 것도 당연하고요. 문제는 '지방'이 부족해도 너무 부족하다는 것입니다. 초기 이유식에서 중기를 지나 후기로 넘어가도록, 일반적인 한국식 이유식은 여전히 흰쌀이 대부분입니다.

그래서 지방 섭취 비율이 너무 낮아지지 않는 이유식을 만들어 먹이기로 했습니다. 그게 바로 '목초우 퓌레'입니다(레시피는 120쪽 참고). 유기농 채소를 잔뜩 넣고 목초를 먹고 자란 소의 사골과 천연버터, 휘핑크림 등으로 지방 비율을 높인 이 요리법은 지방, 단백질, 탄수화물의 비율이 약 65:15:20입니다. 아기에게는 지방이 필수고, 이유식을 시작하는 시점부터 점차 단백질의 필요량이 증가하는 것을 고려한다면 더없이 좋은 비율이지요. 저는 슬로우쿠커를 이용해 끓인 목초우 퓌레를 아기가 소화, 흡수하기 좋도록 곱게 갈아 먹였고, 많은 아기가 감기와 수족구, 장염을 달고 자라는 동안에도 우주는 세 돌이 넘도록 병원 한 번 갈 일 없는 건강한 아이로 자랐습니다. 이후 아이 성장에 맞춰 조금씩 농도는 되직하고 입자는 크게 만들었지요.

저는 알고 있습니다. 엄마들이 숙명처럼 여기는 아이들의 질병이 전혀 당연하지도 않고, 어쩔 수 없는 일도 아니라는 것을요. 우리는 어려서 잘못된 영양 상식을 배웠습니다. 콧물이 흐르거나 열이 나도 항생제 한 번 먹지 않고 이겨낸 우주를 보며, 모유 수유와 건강한 이유식 및 유아식에 대한 확신이 점점 커졌습니다. 우주가 높은 면역력과 빠른 두뇌 발달로 신개념 유아식의 힘을 고스란히 보여주고 있으니, 주변 엄마들에게 소개해도 괜찮겠다는 생각이 들었습니다.

그릇에 무엇을 담느냐가 아이의 미래를 좌우합니다

2017년 1월부터 잘못된 영양 상식을 바꾸기 위해 콘텐츠 크리에이터로 일하기 시작했습니다. 식단만 바꾸었을 뿐인데 부모 자신의 건강은 물론 자녀도 회복된 사례를 수없이 봤습니다. 우주가 20개월이던 때에 아이들에게 흰쌀, 밀가루, 설탕, 과일을 되도록 적게 주자는 취지로 인스타그램에 게시물을 올렸습니다. 이 게시물은 누적 조회 수 55만 회를 기록할 정도로 폭발적인 반응을 만들어냈습니다. 이후 많은 엄마의 응원과 사랑을 받으며 새로운 영양 상식을 알리는 유아식 강연을 열기도 했고, 영양과 관련된 기업강의에 초대되거나 유명한 건강 유튜버들의 방송에 출연하기도 했습니다.

제 인스타그램 채널에서는 기능의학 의사, 영양사, 약사 등 전문가들과 협업하며 신뢰도 있는 정보를 소개하고 있습니다. 한 달에 1~2회 무료 강의나 독서클래스를 운영하고, 매회 500여 명이 넘게 참여하는 라이브 방송을 통해 수많은 엄마의 고민을 해결하고 있습니다. 제 인스타그램 계정을 보고 더는 잔병치레로 병원 갈 일이 없어진 엄마들의 감사 인사를 받으며, 이 좋은 지식을 더 많이 알려야겠다고 생각해 책을 쓰게 되었습니다.

탄수화물을 줄여 먹이자는 저의 주장에 '유난스러운 미친 엄마'라고 혀를 끌끌 차는 분들을 보며, 제가 가려는 길이 얼마나 험난한지 절실히 느낄 수 있었습니다. 그렇다고 올바른 정보를 전하는 것을 멈출 생각은 없습니다. 너무 많은 아이가 잘못된 영양 상식으로 감기를 달고 살고, 툭하면 장염에 걸리며, 설사나 변비, 아토피, 알레르기, 천식과 같은 질병으로 받지 않아도 될 고통을 받고 있습니다. 저는 계속해서 아이들을 위한 올바른 유아식 정보를 꾸준히 업로드 했습니다.

그 사이에 엄마들의 인식이 많이 좋아져서 힘이 나는 댓글이 많이 달리고 있습니다. "이제 저도 식재료 살 때 원재료 함량부터 보게 돼요.", "아이가 쌀밥을 잘 안 먹어 걱정했는데 이젠 걱정하지 않아도 돼서 정말 좋아요.", "고기는 지방 없는 부위만 골라서 기름 다 떼고 줬는데, 이제 오히려 지방이 많은 부위로 사서 맛있게 만들어줘요.", "편식이 심한 아이였는데 우주맘 님 레시피로 밥태기가 끝나서 정말 행복해요."

　귀한 아이들을 위해 제가 조금이나마 보탬이 되고 있다는 생각에 기쁘고 감사할 뿐입니다. 이 책은 세상의 귀한 자녀들에게 면역 밥상을 차려주기 위해 쓰여졌습니다.

　부모가 자식에게 물려줄 수 있는 가장 귀한 재산은 돈이 아니라 '입맛'입니다. 입맛이 건강을 만들고, 건강이 부를 창조하니까요. 많은 유산을 물려받아도 건강하지 않으면 소용없습니다. 하지만 여러분이 지금까지 알고 있던 영양 상식으로는 건강한 입맛과 강한 면역력을 만들어줄 수 없습니다. 최신 과학이 밝혀놓은 제대로 된 영양 상식을 아는 사람은 극소수이고, 대부분 이 중요한 지식을 모르기에 자녀에게 물려줄 수 없는 것이죠. 저는 여러분을 상위 1% 영양 지식의 세계로 초대합니다. 우리 아이들에게 강한 면역력을 물려주지 않겠습니까?

우주맘 김슬기

PART 1   유아식이 잘못되었습니다

PART 2   365일 아프지 않고 잘 크는 면역 밥상

Chapter 4.
우주맘의 면역력 유아식 레시피

원플레이트

이 책의 활용

우주맘의 레시피 중에서 필수 영양이 가득하면서 아이들에게 특별히 사랑받는 메뉴들로 엄선했어요.

고기 싫어하는 아이도 반하는
함박 스테이크

(4회 분량)

우주맘의 함박 스테이크는 밀가루나 빵가루를 넣지 않아 혈당 스파이크를 걱정하지 않고 먹일 수 있어요. 덩어리 고기를 부담스러워 하는 아이나 소화력이 약한 아이에게 특히 좋은 메뉴입니다.

요리하기 전에 읽어두면 좋은 메뉴별 기본 정보입니다. 요리 활용 방법, 재료별 영양 정보를 적어두었어요.

요리의 완성 용량과 몇 회분을 먹일 수 있는지 적어두었어요. 아이마다 먹는 양이 다르니 참고하여 활용해주세요.

식재료를 구매할 때 알아야 할 점, 대체 재료와 레시피 응용 방법 등을 수록했어요. 면역력 유아식을 완성하는 특급 팁이에요.

아이의 선호와 입맛에 따라 재료 용량을 조절해주세요. 모든 레시피는 나트륨을 채우기 위해 적절히 간이 되도록 안내했습니다.

🪐 우주맘 TIP

* 이베리코 돼지고기는 사료 급여 여부에 따라 등급이 부여됩니다. 고급 곡물 사료를 먹이고 축사에서 사육한 것을 '세보Cebo', 고급 사료와 함께 도토리와 허브를 먹이며 축사 사육을 기본으로 2개월 방목하여 기른 것을 '세보 데 캄포Cebo De Campo', 그리고 사료를 먹이지 않고 자연 방목하여 도토리와 허브만 먹여 기른 것을 '베요타Bellota'로 구분합니다. 베요타가 가장 건강한 돼지고기지요.
* 고기가 팬에 들러붙어서 스텐 팬을 사용하기 어렵다는 분들이 있어요. 고기를 억지로 떼어내겠다고 뒤집개로 자주 뒤집지 마세요. 스텐 팬은 고기가 다 익었을 때 뒤집개로 살짝 건드리면 톡 떨어집니다.

재료

* 목초우 다짐육 200g
* 이베리코 베요타 다짐육 200g
* 당근 1/4개
* 양파 1/4개
* 쪽파 3대
* 달걀 1개
* 간장 1t
* 기버터

1 당근, 양파, 쪽파를 매우 잘게 다집니다.

2 볼에 1과 다짐육, 달걀, 간장을 넣고 잘 섞어줍니다.

3 한 줌 정도 되도록 고기 반죽을 떼어 여러 번 치댄 뒤 동글고 납작하게 만듭니다.

4 유리 반찬통에 종이호일을 깔고 3의 고기 반죽을 간격을 두고 올립니다. 이틀 이내에 먹으면 냉장 보관, 그 이상은 냉동 보관합니다.

5 스텐 팬에 기버터를 두르고 4의 고기 반죽을 올린 뒤 중약불에서 앞뒤가 노릇하게 구워줍니다.

6 머스터드 소스와 함께 접시에 담아 완성합니다.

요리 초보도 쉽게 따라 할 수 있도록 과정별로 자세한 설명을 적었습니다. 전자기기와 조리 도구에 따라 조리 시간이 다르니 참고하여 활용해주세요.

PART 1

유아식이
잘못되었습니다

Chapter 1.

유아 식판식의 문제점

유아 식판식에는 쌀밥이 가장 많습니다. 영양이 턱없이 부족할 수밖에 없지요. '필수 아미노산', '필수 지방산'이라는 말을 들어본 적 있을 거예요. 반면 '필수 탄수화물' 또는 '필수 포도당'과 같은 말은 없습니다. 우리 몸이 알아서 포도당을 합성할 수 있기 때문입니다. 어떤 영양 성분 앞에 '필수'라는 말이 붙는 것은 우리 몸이 그 영양소를 직접 만들어낼 수 없고 음식으로만 채울 수 있어서입니다. 필수 아미노산은 단백질 식품, 특히 육류에 많이 들어 있고 필수 지방산은 말 그대로 지방이 풍부한 식품에 들어 있지요. 그래서 단백질과 지방, 각종 비타민과 미네랄이 풍부하게 함유된 동물성 식품의 섭취가 정말 중요합니다. 몸의 세포부터 시작해서 아이의 뼈, 근육, 뇌 성장에도 필요하고, 장 건강을 유지하고 면역력을 기르는 데도 중요하지요.

물론 아이들에게 탄수화물이 필요 없다는 말은 아닙니다. 다만 유아 식판식에 '필수'로 들어가야 할 영양분이 상대적으로 너무 적다는 말을 하려는 것입니다. 그래서 아이에게 꼭 필요한 영양을 제대로 공급하기 위한 유아식을 고민했어요. 초지를 자유롭게 돌아다니며 풀을 먹고 자란 소에서 얻은 건강한 고기, 버터, 유기농 채소들을 활용한 레시피 말입니다.

이렇게 영양을 가득 채운 면역력 유아식은 유아 식판식과 외적으로 큰 차이가 납니다. 유아 식판식이 밥과 반찬, 국이 기본 구성을 이룬다면 우주네 면역력 유아식은 원플레이트죠. 보통 생후 12~15개월부터 유아식을 시작하는데요. 제가 고안한 유아식은 고밀도 영양식이어서 한 그릇만 먹어도 충분한 영양을 섭취하도록 구성되어 있습니다. 우주는 한국에 없었던 새로운 유아식을 먹으며 그 흔한 감기조차 잘 걸리지 않는 건강한 아이로 자라고 있습니다.

골고루 먹이라고요?
뭐가 '골고루'죠?

사람들이 보기에 우주의 식단은 기상천외합니다. 우주 식단에는 밥이 적거나 없고, 그나마도 흰쌀이 아니기 때문입니다. 어쩌다 외식하게 되어도 세 식구가 메뉴를 주문할 때 "밥은 한 공기만 주세요."라고 말하니 식당 아주머니들이 자주 놀라곤 합니다. 한 번은 밥은 안 주셔도 된다고 말했다가 "애한테 밥을 안 먹여요?"라고 식당 아주머니에게서 매서운 질문을 받은 적도 있죠. 아이의 건강을 위해 뚝심을 지키기가 참 어렵구나, 싶을 때가 많답니다.

한국인에게 밥은 산소나 물처럼 자연스러운 것인 듯합니다. 엄마가 갓 지어준 쌀밥 한 그릇의 이미지는 매우 따뜻하죠. 한국인에게 '골고루 먹는다.'는 것은 다른 건 몰라도 밥 한 공기가 올라간 밥상에서 시작됩니다.

우리가 이런 식단을 건강하고 균형 잡힌 식단이라고 이해하게 된

배경에는, 동물성 식품을 멀리하고 식물성 식품, 특히 탄수화물의 섭취를 늘려야 한다고 주장한 미국 생리학자 안셀 키스Ancel B. Keys의 책임이 있습니다. 생물학자 겸 저널리스트 니나 타이숄스Nina Teicholz의 《지방의 역설》에 따르면 키스 박사는 1950년대 포화지방이 심장 질환을 유발한다는 가설을 세웠습니다. 그리고 지방 섭취가 동맥경화와 비만 등을 일으킨다고 결론을 내렸죠. 문제는 그의 실험들이 조작되었다는 것입니다. 키스 박사가 발표한 연구는 지방 섭취와 심장 질환 사이의 연관성을 보여주는데, 알고 보니 22개국을 대상으로 연구했지만 그의 가설과 일치하는 7개국의 연구 결과만 취사선택한 결과였습니다. 불리한 데이터는 배제하고 유리한 데이터만 취한 그의 독단적이고 비윤리적인 연구 결과는 제대로 검증되기도 전에 미국식생활위원회Senate Committee on Nutrition and Human Needs에 받아들여졌습니다.

그의 가설은 그 당시 미국 정부와 식품시장에 너무나 달콤했습니다. 미국 정부는 1980년에 키스 박사의 실험을 기준으로 새로운 식이 지침을 만들어 권고하기 시작했고, 전 세계적으로 비극이 시작되었습니다. 저지방 고탄수화물 식이 권고 이후, 미국은 비만, 당뇨, 심혈관계 질환 등 인류가 가장 두려워하는 질병의 발병률이 꾸준히 상승곡선을 그렸습니다. 미국뿐만 아니라 전 세계에 영향을 미치면서 인류를 병들게 만들고 말았습니다. 한국도 예외는 아니지요.

학교 다닐 때 가정 교과서에서 '푸드 피라미드'라는 그림을 본 적이 있지요? 바로 안셀 키스의 조작된 연구가 제시한 지침을 따른 것입니다. 쌀 섭취를 중요하게 여기는 우리나라 전통 식단에 저지방 고탄수화물 식이 지침을 결합하면 현재 유아 식판식이 됩니다. 그것을 우리는 '과학적인 건강식'이라고 믿고 따르며 아이에게 먹인 셈이지요. 그의 주장은 틀렸으며, 오히려 그 주장으로 인류가 병들었다는 사실이 밝혀졌지만, 그 사실을 아는 사람은 많지 않습니다. 여전히 사람들은 지방을 적게 먹고 곡물 위주의 집밥을 먹는 것이 건강하다고 철석같이 믿고 있습니다. 그 믿음 때문에 나와 내 아이가 반드시 필요한 영양소를 너무나 빈약하게 섭취하고 있다는 사실은 모른 채 말이지요. 이런 식단이 정말 '골고루'라고 생각하나요?

아이 몸에 독이 쌓이고 있다

"우리 아이들에게 이것만큼은 먹이지 말자."라는 제목으로 올린 게시물에서 저는 흰쌀밥, 과일, 밀가루, 설탕을 최대한 적게 먹이자는 말을 했습니다. "왜 애한테 밥을 안 먹이냐!", "그러다가 큰일 난다.", "애는 예쁜데 애미가 무식하네." 등등 날선 반응이 많았습니다.

　아이의 성장에 탄수화물은 꼭 필요합니다. 그러니 모유에 40%가 넘는 탄수화물이 들어 있겠지요. 그러나 '흰쌀밥'으로 채워야 할 필요는 없습니다. 식이섬유를 벗겨내 뽀얀 속살만 남긴 흰쌀은 당덩어리입니다. 과장이 심하다고요? 흰쌀밥의 GI지수Glycemic Index, 혈당이 상승하는 속도를 나타내는 지수는 무려 69.9로, 물엿이 74, 메이플 시럽이 73인 것과 비교하여 크게 차이가 없습니다. 한국식 이유식의 시작인 쌀죽 역시 92.5라는 높은 혈당지수를 보이는데, 백설탕이 109인 것을 감안하면 매우 높은 수치인 것을 알 수 있지요.

혈당이 '많이' 오르는 것도 문제지만 '빠르게' 오르는 것도 큰 문제입니다. 장기적으로 염증성질환, 인슐린저항성, 비만, 당뇨 등으로 이어지기 때문입니다. 혈당을 급격히 올리는 흰쌀을 건강한 탄수화물이라고 말하기 어렵습니다. 제가 흰쌀을 배제하고 우주에게 질 좋은 유기농 채소들을 먹이는 이유입니다. 채소에도 충분한 양의 탄수화물이 들어 있기 때문입니다. 또한 흰쌀과 다르게 채소의 식이섬유는 혈당이 급속도로 오르는 것을 막아주는 역할을 합니다. 식이섬유는 장내 유익균의 수를 증가시키고 면역력이 강해지게 만든다는 연구 결과도 있지요.[1]

잡곡밥은 먹여도 되나요?

겉껍질이 그대로 붙어 있는 잡곡은 흰쌀과 비교하여 혈당지수가 낮은데, 그 이유는 겉껍질에 있는 식이섬유가 혈당이 급속도로 오르는 것을 막아주기 때문입니다. 하지만 이런 문제를 제기하기도 합니다. 겉껍질을 벗기지 않으면 거기에 함유된 이른바 '항영양소'가 영양분의 흡수를 막고, 면역력도 약하게 만든다는 것입니다. 참 아이러니하죠? 식이섬유가 면역력을 강하게 해준다더니 이제 거기 들어 있는 항영양소가 면역력을 약하게 한다니요. 혈당을 걱정하느라 잡곡을 먹이면 또 다른 문제가 생긴다는 것인데, 산 넘어 산입니다. 하지만 모든 음식에는 장단점이 공존하므로 장점을 살리고 단점을 줄여 슬기롭게 식단을 구성할 필요가 있습니다. "이건 이래서 좋고 저건 저래서 나빠!"라는 단순한 논리에 빠지면 실을 생각하다 득까지 놓칠 수 있거든요.

곡물을 지혜롭게 섭취하는 방법이 있습니다. 첫 번째는 많이 먹이지 않는 것입니다. 정말 딱 필요한 만큼 먹이는 것이지요. 아이들의 식단에 생각보다 탄수화물이 그렇게 많이 필요하지 않습니다. 아이마다 조금씩 차이는 있지만요.

두 번째 방법은 잡곡을 깨끗한 물에 24시간 이상 불려 그 물을 버리고, 새로 물을 받아 압력을 가해 조리하는 것입니다. 이 방법으로 항영양소를 많이 줄일 수 있습니다. 다만, 귀리 같은 곡물은 이런 방법을 이용해도 항영양소가 파괴되지 않으니 섭취를 최소화하세요. 장이 약하고 소화력이 약하거나 면역력이 떨어져 있는 아이에게 귀리를 주는 것은 바람직하지 않습니다. 면역반응을 일으킬 수 있기 때문입니다. 이런 경우는 백미, 수수, 조 등 장에 영향을 적게 미치는 곡물을 소량만 주세요. 이 또한 많이 먹이면 혈당이 높게 오를 수 있으니 주의해주세요!

TIP   한 끼 식사로 시리얼은 어떤가요?

"아이에게 철분이 부족할까 싶어서 철분 강화 시리얼을 먹이고 있어요. 괜찮나요?" 한 엄마의 질문을 받고 제품을 살펴보니 하루 20g을 먹이면 1일 철분 섭취량의 90~100%를 채울 수 있다고 광고했습니다. 아이의 성장을 위해 철분이 얼마나 중요한지 알고 있는 엄마라면 이렇게 손쉽게 철분을 채워줄 수 있다는 점에서 매우 솔깃할 수밖에 없겠지요. 더구나 건강에 좋다고 알려진 오트로 만든 시리얼이라니 더욱 마음이 끌리게 마련입니다. 그럼 정말로 건강한 식품이 맞는지 원재료 함량을 볼까요?

'100% Whole grain oats(통곡물 오트)'로 만들어졌습니다. 정제하지 않은 오트밀을 사용했다는 뜻이지요. 다량의 오트밀 섭취는 그리 건강하지 않습니다. 첫 번째 이유는 탄수화물은 과하게 섭취하고 영양은 부족하게 만들 수 있기 때문입니다. 이 제품에 온갖 비타민과 미네랄을 '첨가'해두었지만, 자연 식품을 먹으면서 자연스럽게 영양을 얻는 것과 비교하여 흡수율 면에서 떨어질 수밖에 없습니다.

두 번째 이유는 항영양소 문제입니다. 귀리의 겉껍질에는 '렉틴Lectin'이라는 성분이 있는데, 다른 영양소의 흡수를 방해할 수 있습니다. 렉틴은 적절히 사용하면 항암 작용을 하는 것으로 알려져 있는데요. 문제는 '적절한 양'이 아이마다 다르다는 것입니다. 특히 장이 건강하지 않고 면역력이 약한 아이라면 더욱 그렇습니다.

다른 원재료들도 살펴보았더니 'Corn starch(옥수수 전분)', 'Sugar(설탕)', 'Salt(소금)'가 들어 있습니다. 혈당에 영향을 미치는 옥수수 전분과 설탕이 들어있고, 또 옥수수가 non-GMO에 해당하는지도 알기 어렵지요. 시리얼은 대부분 한 끼 식사로는 물론, 간식으로도 적합하지 않습니다.

빵빵한 아이로
키우는 빵과 면

내 아이에게 중독성이 강한 식품을 먹이고 싶은 엄마는 없을 겁니다. 그런데 여러분은 밀가루가 중독성이 대단한 식품이라는 걸 아나요? 미국의 심장 전문의 윌리엄 데이비스Willam Davis 박사는 현대의 밀이 몇십 년 전의 밀과 전혀 다르다고 말합니다. 현대의 밀은 개량되어 유전자 구성이 극적으로 변화하면서 파괴적인 곡물이 되었으며, 이에 대한 안전 검사는 수행되지 않았다고 말합니다. 또한 뇌 속에는 통증에 대응하기 위한 아편유사제수용체Opiate receptors가 있는데, 밀을 섭취할 때마다 자극받아서 더 많은 엔도르핀이 생산되고 기분이 좋아집니다. 매일 섭취하면 아편유사제수용체가 둔해져 약효가 떨어지고 더 많은 밀가루 음식을 먹으려 하게 됩니다. 밀가루에 있는 '글리아딘Gliadin, 글루텐의 한 성분'이라는 단백질이 사람의 식욕을 자극하고 중독을 일으킬 수 있다는 사실도 밝혀냈죠. 그는 현대의 밀이 "완전하고 만성적인 독극

물"이라고 표현했습니다.[2] "어머, 나 탄수화물 중독인가봐."라고 말하는 것이 결코 우스갯소리가 아닌 것이죠.

어떤 물질이든 접근성이 높을수록 중독될 가능성이 높아집니다. 밀가루도 그렇습니다. 집에서 몇 걸음만 나가면 편의점이 있고, 그 편의점 음식의 대부분이 밀가루와 설탕으로 만들어져 있습니다. 요즘에는 밀키트Meal kit, 가정 간편식나 과자를 무인으로 판매하는 상점도 많아져 아이들이 밀가루를 숨 쉬듯 접합니다. 갓 돌이 지난 아기들의 손에도 밀가루 음식이 들려 있고, 식당 어디를 가도 아이들이 밀가루 음식을 먹고 있지요. 밀가루에 대한 높은 접근성은 아주 심각한 문제입니다.

앞서 언급한 윌리엄 데이비스는 임상에서 환자들에게 밀가루를 제한한 뒤 비만, 천식, 위산 역류, 심지어 정신의 명료성이 개선되는 것을 확인했습니다. 바꿔 말하면 잦은 밀가루 섭취가 비만, 천식, 위산 역류, 브레인 포그Brain fog, 머리가 멍하고 집중력이 떨어지는 현상를 일으킬 수 있다는 것입니다. 평생 천식 환자로 살며 급성 천식 스프레이를 가방에 넣고 다녀야 했던 제가 밀가루를 끊자 천식이 사라진 것은 결코 우연이 아닙니다.

밀로 만든 모든 식품은 설탕보다 더 빠르게 혈당을 올립니다. 통밀이라고 해도 다르지 않습니다. 빠르게 올랐다 떨어지는 혈당은 혈관에 손상을 일으키고, 온몸에 염증을 일으키며, 면역력을 떨어뜨리고, 비만을 유발하고, 식욕을 주체하지 못하게 합니다. 우리 아이들이 밀가루 음식을 먹을 때마다 몸에서 이런 반응이 일어나고, 반복된다고 생각해보세요. 아이에게 밀가루 음식을 제한하자고 했을 때, 이렇게 묻는 분들도 있습니다. "먹는 재미도 모르고 크는 아이가 너무 불쌍해요. 건강은 어차피 타고나는데 먹을 수 있을 때 실컷 먹고 즐기는 것도 필요하지 않나요?"

정말 그럴까요? 저는 아이에게 먹는 즐거움을 가르쳐주는 것이 매우 중요하다고 생각합니다. 그런데 그 먹는 즐거움이, 밀가루 음식에 과도하게 노출되면 오히려 줄어든다는 것을 많은 분이 모릅니다. 밀가루 음식은 대개 달고 짜고 자극적입니다. 빵, 디저트, 라면, 과자, 각종 외식이나 배달 음식…, 이런 음식에 자주 노출되면 자연 식재료가 가져다주는 본연의 맛과 즐거움은 느낄 수 없게 되고 건강을 심각하게 망치면서 오로지 자극만 쫓게 됩니다. 그렇게 건강을 잃고 나면 그때도 즐거울까요? 우리 아이가 바른 음식에서 오는 진정한 맛의 즐거움을 느낄 수 있도록 가르쳐야겠지요.

고유의 색인 줄 알았더니
발암물질?

음식은 때깔이 참 중요합니다. 아무리 맛있게 만들었더라도 일단 비주얼에서 합격하지 못하면 소비자로부터 외면당하는 것이 당연합니다. 그중에서도 단연 탐스러운 까만색이 중요한 음식들이 있죠. 달달한 향과 짭짤한 맛이 어우러진 찜닭, 향수를 자아내는 짜장면, 짙은 색일수록 건강한 한약재를 쓴 것처럼 느껴지는 족발, 오랜 시간 정성을 들여 끓였을 것 같은 돼지갈비 등…. 특히 짜장면은 매운맛도 없는 데다 특유의 달달한 맛 덕분에 아이들에게 참 인기 있는 외식 메뉴입니다.

하지만 짜장면을 맛있게 먹고 있는 아이들을 보고 있으면 마음 한편이 불편해지고는 합니다. 짜장면을 만들 때 쓰는 춘장에 발암물질이 들어 있을 가능성이 높기 때문입니다. 정확하게는 춘장에 들어 있는 캐러맬색소가 문제입니다. 춘장은 원래 콩과 밀가루를 발효시켜 만드는 전통 장이고, 우리는 춘장의 그 까만색이 발효 과정을 거치며 자연스럽게 만들어지는 고유의 색인 줄 알고 있지만, 전통적인 방식으로 만들어진 춘장은 시중에 거의 없습니다. 마트에 가서 춘장 제품을 찾아 원재료 함량을 확인해보세요. 캐러멜색소가 들어가지 않은 춘장을 찾기가 불가능할 정도입니다. 다음은 국내 한 유명 춘장 제품의 원재료입니다.

정제수, 소맥분(밀: 미국산, 호주산), 캐러멜색소, 대두(외국산: 미국, 캐나다, 호주 등), 정제소금(국산), 주정, L-글루탐산나트륨(향미증진제), 종국, 효소처리스테비아, 대두, 밀 함유

캐러멜색소뿐만 아니라 'L-글루탐산나트륨'도 들어 있는데, 이게 바로 우리가 MSG라고 알고 있는 첨가물입니다. 캐러멜색소는 원래 설탕을 만들고 남은 부산물인 당밀을 끓여서 만들어낸 시럽입니다. 그런데 먹음직스러운 까만색을 내려면 다른 첨가물이 필요하지요. 바로 암모늄화합물입니다. 이 화합물이 첨가되는 과정에서 '4-메틸이미다졸'이라는 발암물질이 생성됩니다.

캐러멜색소는 무엇을 원료로 했느냐에 따라 이름이 달라집니다. 당류만 열처리한 것은 캐러멜색소1, 아황산염Sulfites을 사용했다면 캐러멜색소2, 암모늄을 넣었을 때는 캐러멜색소3, 암모늄에 아황산화합물까지 넣으면 캐러멜색소4가 됩니다. 암모늄이 첨가되면 발암물질이 생성된다고 말씀드렸죠? 따라서 우리 아이 식단에서 퇴출해야 하는 것은 바로 캐러멜색소3과 4입니다.

짜장면을 밖에서 사 먹거나 배달시켜 먹는다면, 식당에서 사용한

춘장에 어떤 캐러멜색소가 들어갔는지 알 길이 없습니다. 더구나 춘장을 구매해도 '캐러멜색소'라고만 쓰여 있지, 몇 번 캐러멜색소인지는 알 수 없거든요. 결국 피하는 것만이 유일한 답입니다.

이 캐러멜색소가 춘장에만 쓰이는 것도 아닙니다. 시중에서 판매되는 대부분의 굴소스에도 캐러멜색소가 들었습니다. 간장에도 들어있는 경우가 있습니다. 전통의 발효 기술을 그렇게 강조하더니, 먹음직스러운 색을 간편하게 내줄 캐러멜색소를 넣어둔 것입니다. 캐러멜색소만 문제인가요? 변성전분, 과당과 같은 해로운 물질들은 물론, 제일 중요한 원재료인 콩이나 밀마저도 non-GMO 여부가 확인되지 않은 외국산을 쓰는 경우가 허다합니다. 전 세계적으로 유명한 굴소스의 원재료 함량입니다.

굴추출물농축액 95%[고형분함량 48%/ 굴추출물, 설탕, L-글루탐산나트륨(향미증진제), 정제소금, 밀가루], 변성전분, 캐러멜색소, 정제수, 밀, 조개류(굴) 함유

다음은 한 업소용 진간장의 원재료 함량입니다.

산분해간장[글루텐(밀: 중국산), 천일염(호주산)], 정제수, 양조간장[탈지대두(인도산), 밀(미국산), 천일염(호주산), 정제소금(국산)], 천일염(호주산), 물엿, 혼합제제(D-소비톨액, 말티톨시럽), 캐러멜색소, 효소처리스테비아, 혼합제제(주정, 정제수, 유화제, 비타민B1라우릴황산염), 파라옥시안식향산에틸(보존료), 영양강화제, 혼합제제(감초추출물, 덱스트린), 알레르기유발물질:

대두, 밀 함유

다행히 이런 문제를 인식하고, 쉬운 길을 가기보다 소비자의 건강과 사회적 가치를 훨씬 중요하게 생각하여 전통 장의 제조 방식을 구현하려는 양심적인 업체들도 있습니다.

좋은 제품만 쓰고 싶어 열심히 찾아본 결과, 캐러멜색소를 쓰지 않고 최고 품질의 원재료와 전통 숙성 방식을 이용해 된장, 간장, 춘장, 굴소스를 만드는 업체를 찾을 수 있었습니다. 이 업체를 발견한 후로 저는 전통 장은 오로지 이 업체의 제품만 소비하고 있습니다. 건강한 건 알겠는데, 맛은 어떠냐고요? 원래 신선한 재료를 가지고 제대로 만든 음식은 맛이 좋은 법입니다. 천연 재료만을 사용해서 오랜 숙성을 거쳐 만든 춘장 제품의 원재료 함량을 보세요.

한식메주 50.2%[대두(국산)100%], 보리(국산) 18.1%, 양파(국산) 11.3%, 한식간장, 천일염(국산), 비트(국산), 고추씨앗가루(국산), 대두 함유

"원래 안 본 음식이 깨끗한 법이야." 한 예능 프로그램에 출연한 요리 전문가가 이런 농담을 한 적이 있습니다. 안 보고, 모른 체한다고 괜찮을까요? 모르는 사이에 아이의 몸이 점점 건강을 잃어간다면 그래도 "안 본 음식은 괜찮다."라고 말할 수 있을까요? 엄마가 현명해지지 않으면 부지불식간에 건강을 위협하는 물질이 아이 몸으로 너무 많이 들어갑니다. 아이에게 무엇을 먹이고, 무엇을 먹이지 않을지 판단할 수 있어야 합니다.

"간식은 필수가 아니에요."

아이 간식은 하루에 몇 번이나 먹이나요? 기관에 보내고 있다면 하루에 최소 한두 번은 기본적으로 줄 것이고, 집에서도 먹는다면 서너 번으로 늘어나는 것 같습니다. 이렇게 잦은 간식, 괜찮을까요? 결론부터 말하자면 괜찮지 않습니다. 특히 그 간식이 혈당지수가 높다면 말이죠. 앞서 혈당이 한 번에 많이, 빠르게 올라가는 것이 문제이므로 정제 탄수화물과 당분 등 혈당지수가 높은 음식을 줄여야 한다고 언급했습니다. 그런데 혈당을 '자주' 올려도 문제가 됩니다. 인슐린이 자주 분비되어도 인슐린저항성의 위험이 높아지거든요. 혈당은 하루 3번, 식사로 오르는 것으로 충분합니다.

더군다나 아이들이 먹는 간식이 대체로 입에 달고 먹기 간편한 것들이지요. 이렇게 되면 혈당을 많이, 빠르게 올리면서 자주 올리는 '위험한 3박자'가 완성됩니다. 기관에 다닌다면 이미 많은 양의 당분을 먹는 셈인데, 여기에 엄마가 무언가를 더해줄 필요는 더더욱 없습니다.

인류 역사에서 인간이 이렇게 자주 먹고 많이 먹은 것은 고작 1~2만 년 정도밖에 되지 않습니다. 그전까지 인간은 음식을 못 먹는 날이 허다했지요. 그렇다고 아이를 굶기자는 말이 아닙니다. 간식을 왜 먹이는지 근본적인 이유를 살피면서 간식에 대한 개념을 정리해봅시다.

첫 번째는 아이가 출출해하기 때문입니다. 이것은 식사의 영양 밀도를 높여주면 자연스럽게 해결됩니다. 식사했는데도 아이가 출출해하는 것은 정말로 배고파서가 아니라 식단에 영양이 부족했을 가능성이 높습니다. 이는 성인도 마찬가지지요. 만약 동물성 단백질과 지방, 질 좋은 채소로 영양을 한가득 채워줬는데도 간식을 찾는다면 습관이거나 소화, 흡수가 잘 되지 않아서일 가능성이 있습니다. 습관이라면 간식을 줄여주고 소화, 흡수 문제라면 소화력을 키워주어야겠지요. 우주 식단은 고밀도 영양식이어서 식사로 배가 부르고 나면 간식을 찾지 않습니다.

두 번째는 영양이 부족할까 봐 걱정되어서입니다. 요즘 아이들, 실제로 영양이 부족합니다. 가공식품을 너무 많이 먹는 탓입니다. 가공식품은 보관과 유통의 편의를 위해 살아 있는 영양분을 제거합니다. 영양 밀도가 높으면 금방 부패하거든요. 신선식품을 생각해보면 쉽습니다. 그리고 영양분을 제거해서 떨어진 맛을 보충하기 위해 당분과 식품첨가물을 마구 넣습니다. 이렇게 만든 가공식품은 열량은 높고 영양은 매우 낮아 몸은 살쪄도 영양 부족 상태에 놓입니다. 그러니 영양이 부족할까 봐 걱정되어 간식을 먹이는 거라면 더더욱 간식을 줄이고 영양 밀도가 높은 식사를 챙겨주어야 합니다.

세 번째는 양육자의 편의를 위해서입니다. 아이와 외출하면 칭얼대거나 보채는 아이를 달래기 위해 간식을 이용할 때가 많습니다. 단 몇 분이라도 아이를 잠잠하게 만드는 특효약이지요. 하지만 저는 이것도 자주 이용하면 해가 된다고 생각합니다. '칭얼댔더니 간식을 손에 쥐여준다.'는 경험이 학습되면 아이는 더더욱 칭얼대는 쪽을 택하게 됩니다.

물론 간식을 아예 안 주는 것은 어렵습니다. 특히 외출할 때나 에너지 소비가 심한 날은 필요할 수도 있습니다. 우주도 하루에 한 번, 특히 외출하는 날에는 간단한 간식을 챙겨 나갑니다. 밀가루와 설탕 없이 직접 만든 마카다미아 쿠키(196쪽)나 레몬 레어 치즈 케이크(202쪽), 버터를 끼운 목초우 비프칩(190쪽), 과카몰리(214쪽), 닭가슴살 육포(188쪽), 하루견과 등 혈당지수가 낮고 아이 건강에 전혀 해가 되지 않으면서 필요한 영양을 챙길 수 있는 것들로 준비합니다.

간식을 고를 때는 곡물을 베이스로 당분이 들어간 가공식품은 모두 주의하세요. 특히 '제로' 또는 '無'라고 표기된 간식을 주의하기 바랍니다. 설탕을 안 썼다고 하는데, 제품 뒷면의 원재료를 보면 아세설팜칼륨Acesulfame potassium이나 수크랄로스Sucralose 같은 인공감미료는 물론 색소, 인공향료, 보존제 등의 다양한 첨가물이 들어갑니다. 아이스크림도 가급적이면 줄여주세요. 아이스크림 속 유화제는 장내 환경을 크게 악화시킵니다.

TIP   유기농은 괜찮지 않냐고요?

유기농 인증마크를 달고 나오는 제품이 많아진 것은 반가운 일입니다. 그런데 이 유기농 인증을 받은 제품들을 잘 살펴보면 문제가 있습니다. 극히 일부만 유기농으로 사용한 경우가 많아 성분표를 자세히 보아야 합니다. 유아 식료품점에서 엄마들이 몇 봉지씩 구매하는 젤리 제품의 성분표를 살펴보았습니다. non-GMO에 글루텐-프리, 유제품을 사용하지 않고, 알레르기 유발이 심한 9가지 원료도 사용하지 않았다고 하고요. 무엇보다 유기농 원료를 사용했다고 합니다. 원재료를 살펴볼까요?

Organic Rice Syrup, Organic cane sugar, Gelatin, Organic Corn starch, Apple juice concentrate, Citric acid, Colored with concentrates [Carrot, Apple, Blackcurrant, Pumpkin, Radish, Lemon, Paprika], Natural Flavors, Organic sunflower oil, Organic carnauba wax.

'Organic(유기농)'으로 시작하는 단어 뒤에 따라오는 내용을 보세요. 쌀 시럽, 사탕수수 설탕, 옥수수 전분. 그리고 온갖 과일 농축액들…, 모두 당분입니다. 많은 분이 "유기농 비정제 설탕은 먹여도 되나요?"라고 묻는데요. 유기농 원료를 사용했어도 당은 당입니다. 유기농 설탕도 몸에 나쁜데, 유기농이 아닌 설탕은 그보다 더 나쁜 것일 뿐입니다. 쌀에서 추출했어도, 사탕수수에서 추출했어도, 단풍나무에서 추출했어도, 혈당을 빠르고 높게 올리는 것은 모두 아이의 건강에 좋지 않습니다.

더구나 이런 제품들이 유기농 식품 전문점과 같이 '건강한' 음식만 선별한다는 곳에서 판매되다 보니 원재료 함량을 제대로 읽어보지도 않고 덥석 구매하게 된다는 문제도 있습니다. "저희 아기는 그래도 유기농 식료품점에서 산 간식만 먹여요."라고 많이들 말하는데, 신선식품은 매우 좋은 선택이지만 가공식품은 유기농이어도 결국 가공식품입니다. 시판되는 제품보다 식품첨가물이 적다고 해도 그토록 많은 당분을 포함하고 있다면 아이 건강에 좋지 않습니다. 하나만 더 살펴볼까요? 다음은 유기농 식료품점에서 판매하는 젤리 제품 원재료 함량입니다.

딸기 퓌레 35%(국산/무농약), 정제수 41.9%, 유기농 설탕 21%(인도산/브라질산), 로커스트콩검, 구연산, 한천

이 젤리에는 딸기 퓌레와 유기농 설탕이 56% 들어 있습니다. 당분이 절반 이상이라는 뜻이지요. 유기농이어도 당분은 혈당과 간에 악영향을 미칩니다. 시판되는 제품보다 '나은' 것이지, '좋은' 것은 아닙니다.

 # 과일은 건강한 식품이 아닙니다

흰쌀을 먹지 말라는 말만큼이나 뜨거운 반응을 일으키는 것이 바로 과일 제한입니다. 우주는 제철 과일을 아주 가끔 먹고 있고, 저도 10년 가까이 과일을 거의 섭취하지 않고 있습니다. 과일이 결코 건강한 식품이 아니기 때문입니다.

과일이 건강한 것으로 알려진 데는 몇 가지 이유가 있는데, 첫 번째는 비타민과 미네랄이 풍부하다고 알려져 있기 때문입니다. 옛날 과일은 그랬습니다. 하지만 현대의 과일은 아닙니다. 많은 연구를 통해 우리가 오늘날 아이들에게 먹이는 과일에는 몇십 년 전보다 비타민과 미네랄이 현저하게 줄어들었다는 사실이 밝혀졌지요.[3] 이는 토양의 질을 떨어뜨리는 현대식 경작 때문인데, 우리가 건강한 과일을 섭취하기 위해서는 땅속에 건강한 균류가 많이 살고 있어야 합니다. 그런데 그런 환경을 방해하는 관개灌漑, 농사에 필요한 물을 댐, 비료, 각종 약품 처리와 당도를 높이기 위한 인위적인 노력으로 인해 예전처럼 영양이 풍부한 과일을 얻기가 어려워졌습니다. 환경 다큐멘터리 《키스 더 그라운드 Kiss the ground》에도 "현대 농업은 토양의 개선을 위해 설계되지 않았습니다."라는 전문가의 증언이 나오지요.

두 번째가 중요한데요. 과일은 혈당지수가 낮다는 점입니다. 그럼 건강한 것 아니냐고요? 과일에는 포도당과 과당果糖, 과일 속에 많이 들어 있는 단당류이 함께 존재하고 특히 과당의 함량이 높은데, 이 과당이 혈당을 자극하지 않기 때문에 혈당지수가 낮은 것입니다. 그렇다 보니 건강에 이롭고 특히 당뇨 환자들에게도 아주 좋다고 알려진 것이지요. 이것이 바로 비극의 시작점입니다. 과당은 혈당측정기에는 잡히지 않지만, 장을 통해 흡수되어 곧장 간으로 직행하여 중성지방으로 전환됩니다. 즉, 당을 먹었는데 지방이 되어 간에 쌓인다는 말입니다.

포도당은 혈액을 통해 온몸을 돌며 전신 세포의 에너지원으로 활용될 수 있습니다. 하지만 과당은 아닙니다. 오로지 간에서만 처리할 수 있어요. 즉, 동량의 포도당과 과당이 몸에 들어온다면 과당이 처리하기가 훨씬 어렵습니다. 우리 아이들의 작은 몸 속 작디작은 간이 홀로 과당을 처리해야 한다는 말입니다. 얼마나 고생스러울까요? 장기적으로는 간에서 인슐린저항성을 일으켜 각종 염증성질환과 비만 등을 일으키기도 합니다.

과당의 문제는 이것만이 아니랍니다. 과당은 포만감을 느끼게 해주는 '렙틴Leptin 호르몬'의 작용을 억제합니다. 혹시 과일을 먹고 나서 왠지 모르게 헛헛하고 뭔가 더 먹고 싶다는 생각을 해본 적 있나요? 추운 날 전기장판 켜놓고 이불 뒤집어쓴 채 귤 한 바구니 우습게 비워

본 경험은요? 과일이 배부름을 모르게 해서 일어나는 일들입니다. 많이 먹고도 뭔가 더 달라고 조르는 아이들의 특징이기도 하지요. 과일이 아무리 건강하다고 해도 줄여 먹어야 하는 이유입니다.

과일의 문제는 하나 더 있습니다. 아이들의 입에 아주 지독한 단맛을 들인다는 것입니다. 제철에 나는 과일을 소량 먹이는 것은 나쁘지 않다고 생각하는데, 우주가 외할머니 집에 자주 드나들며 이놈의 제철 과일을 꽤 얻어먹으면서 문제가 생긴 적이 있습니다. 한도 끝도 없이 먹으려고 하고, 단맛을 찾으며 떼쓰고, 그렇게 순하고 쾌활했던 아이가 갑자기 짜증이 엄청나게 늘어버린 거예요. 과당의 영향이 분명하다고 생각한 저는 친정 엄마에게 정중하게 부탁드렸습니다. 지금 아이의 입에 단맛을 들여놓으면 평생 고치기가 힘들 것 같으니, 아이가 적어도 5세가 될 때까지는 예쁘고 안쓰러워도 과일은 주지 말아주십사 하고 말이지요.

그렇게 과일 섭취를 중단하자 우주는 달지 않은 음식도 맛있게 먹었고, 짜증도 온데간데없이 사라졌습니다. 물론 우주의 짜증과 기분 변화가 단순히 과당 때문이라고 결론짓기는 힘들겠지요. 하지만 아이에 관한 정보는 일상에서 아이와 함께하는 경험이 크게 좌우한다고 생각합니다. 그리고 양육자가 아이를 면밀하게 살펴보고 지극한 관심을 가질 때 완성되지요. 지금껏 과일을 많이 먹였다면 아이의 과일 섭취를 조금씩 줄이면서 아이의 변화를 한번 유심히 살펴보세요. 분명 무언가 달라진다고 느낄 것입니다.

 # 채소는 무조건 좋다는 오해

채소는 영양 면에서 건강상의 이점이 많습니다. 물론 과거의 채소와 비교하여 영양분이 많이 떨어졌지만, 채소 섭취는 여전히 실보다 득이 더 많습니다. 제철 채소를 다양하게 먹는 것은 그만큼 다양한 영양분을 몸에 들이는 일입니다.

하지만 그렇다고 우주에게 모든 채소를 먹이는 것은 아닙니다. 채소 중에는 전분의 함량이 높아 혈당을 크게 올리는 채소들도 있기 때문이에요. 대표적인 것이 감자입니다. 찌면 포슬포슬하고 구수한 감자에는 단맛이 전혀 없어 이게 혈당과 대체 무슨 상관이 있을까 하는 생각이 들 거예요.

탄수화물은 크게 당질과 섬유질로 나뉩니다. 당질을 조금 더 작은 형태인 '당류'로 나눌 수 있는데, 당 분자가 한 개면 단당류이고 두 개면 이당류가 됩니다. 포도당, 과당은 단당류에 속하고, 과당과 포도당이 합쳐진 수크로스Sucrose, 백설탕는 이당류에 해당합니다. 당질을 먹으면 우리 몸이 이를 포도당으로 분해한 뒤 에너지로 이용합니다. 이렇게 분해된 포도당이 핏속으로 들어가면 그것이 바로 혈당이지요. 혈당이 적당히 올라가는 것은 괜찮지만 많이, 자주, 빠른 속도로 올라가는 것은 괜찮지 않습니다. 그런데 감자에는 전분이 많아 혈당을 꽤 높게 올리지요. 쪄서 먹으면 혈당지수가 무려 93.6입니다. 설탕의 혈당지수가 68인 것을 생각하면 꽤나 충격적이지요.

우주에게 가급적 주지 않는 채소에는 옥수수도 있습니다. "가을 한 철에 옥수수를 며칠만 먹으면 살이 그렇게 찐다."는 친정 엄마의 말씀은 옥수수의 혈당 문제를 제대로 설명합니다. 식당에서 가니쉬나 토핑으로 나오곤 하는 샛노란 옥수수는 GMO 식품 이슈까지 있으니 주의해야 합니다.

그렇다면 감자, 옥수수처럼 전분 함량이 높고 혈당지수가 높은 채소를 제외한 나머지 채소는 마음껏 먹여도 될까요? 대체로 그렇습니다만, 여기에도 조건이 있습니다. 건강하게 재배되었다는 조건입니다. 앞서 언급했듯이 현대의 토양은 그다지 질이 좋지 않습니다. 공기의 질이 좋지 않고, 수질도 좋지 않습니다. 그 공기와 물의 영향을 받는 토양도 마찬가지입니다. 반복되는 경작과 재배 방식으로 영양이 부족해졌고, 상품성을 높이기 위한 비료나 화학 처리로 몸집이 커졌으며, 영양분이 예전 같지 않은 기이한 채소들이 쏟아져 나옵니다.

마트에서 판매되는 채소를 보세요. 모양과 크기가 찍어낸 듯 균일합니다. 시골 마을에 살며 세 식구 먹을 정도의 텃밭을 가꿔본 저는 아무리 노력해도 균일한 크기와 모양의 채소를 얻을 수 없었습니다. 토마토는 탐스러운 빨간색을 자랑하거나 표면이 매끈하지 않습니다. 오이는 이리저리 휘어 있고요. 피망도 정말 투박하고 못생겼습니다. 딸기도 알이 작고 아주 새콤하지요. 며칠만 두면 근육질 남성의 팔뚝만큼이나 크게 자라는 애호박은 어떻고요.

물론 생산자가 상품성보다 채소의 질을 우선하기가 쉬운 일은 아닐 겁니다. 자연스럽게 자랐지만 못생기면 소비자가 외면하니까요. 최소한 무농약, 유기농과 같은 채소를 선택하는 게 좋습니다. 그런데 사실은 유기농마저도 3년 이상 화학비료와 농약을 쓰지 않으면 유기농으로 인정받을 수 있기 때문에 그 전에 어떤 땅이었는지는 정확히 알 수 없습니다. 유기농이라고 아예 비료를 쓰지 않는 것도 아니고요. 재배하기가 까다로워 이런저런 편법을 써서 무늬만 유기농인 작물을 생산하는 사례도 많습니다. 인증 마크가 붙은 유기농 작물마저도 완전히 신뢰하기는 어려운 것이 현실입니다.

그럼에도 불구하고 무농약과 유기농 채소를 추천하는 이유는 '좋은 식재료'를 찾는 까다로운 소비자가 늘어야 생산 및 소비문화가 올바르게 정착될 수 있다고 믿기 때문입니다. 우리 아이들이 자라는 동안 건강한 식재료를 지속해서 먹이기 위해서는 엄마들의 소비문화가 올바르게 정착되는 것이 매우 중요합니다. 제가 좋은 생산자를 끊임없이 찾고 소개하는 이유이기도 합니다.

무염식, 저염식을 멈춰주세요

"두 돌 전까지는 무염식, 적어도 저염식을 고수해야 합니다."

우리나라에서 아이를 키우는 엄마라면 당연하게 여기고 있을 상식 중의 상식이 무염식과 저염식입니다. 하지만 실제 아이들의 몸에서는 어떤 일이 벌어지고 있는지 아나요?

머리카락으로 건강 상태를 확인할 수 있는 '모발 영양 중금속 검사'를 실시해보면 많은 아이가 나트륨 부족에 시달리고 있음을 알 수 있습니다. "건강식이라 해서 아이에게 무염식을 챙겨주었는데, 모발검사를 했더니 아이가 나트륨 부족에 칼륨 과다로 건강이 나빠진 걸 알고 너무 충격받았어요." 모발검사를 해본 많은 엄마가 자녀의 심각한 나트륨 부족을 보며 가슴을 치고 후회합니다.

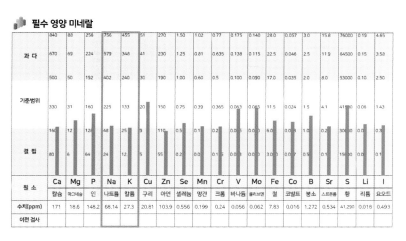

필수 영양 미네랄

	Ca	Mg	P	Na	K	Cu	Zn	Se	Mn	Cr	V	Mo	Fe	Co	B	Sr	S	Li	I
원소	칼슘	마그네슘	인	나트륨	칼륨	구리	아연	셀레늄	망간	크롬	바나듐	몰리브덴	철	코발트	붕소	스트론튬	황	리튬	요오드
수치(ppm)	171	18.6	148.2	68.14	27.3	20.81	103.9	0.556	0.199	0.24	0.056	0.062	7.83	0.016	1.272	0.534	41,290	0.018	0.493
이전 검사																			

생후 27개월 된 우주의 모발 영양 중금속 검사 결과.

이 표는 우주가 두 돌이 조금 넘었을 때 받은 모발 영양 중금속 검사 결과지입니다. 여기서 나트륨과 칼륨의 비율은 '스트레스 및 활력' 상태를 알려줍니다. 우주는 68.14÷27.3=2.5이며, 기준 범위 2.0~4.0에 속하여 양호 상태에 해당합니다.

나트륨과 칼륨은 함께 일하며 세포 안팎의 수분을 정교하게 조절합니다. 따라서 어느 한쪽이 과다하거나 부족해져서 이 비율이 깨지는 것은 좋은 신호가 아니지요. 그래서 스트레스와 활력을 확인하기 위해 나트륨과 칼륨의 비율을 확인합니다. 기준 범위 이하의 비율은 만성 스트레스를 의미하고, 기준 범위 이상의 비율은 급성 스트레스를 나타냅니다.

우주가 생후 5개월에 받은 검사에서는 나트륨의 절대량이 다소 부족하고 칼륨과의 균형도 약간 깨져 있는 상태였습니다. 나트륨을 추가해줄 필요가 있다는 것을 알게 되었지요. 덕분에 우주는 이유식 식단에 성분이 우수한 전통 간장, 된장, 소금 등으로 간하여 질 좋은 나트륨을 보충해줄 수 있었습니다. 저는 혈액검사보다 중요하게 생각해서 1년에 한두 번 온 가족이 모발검사를 받아 부족한 영양을 보충하고 있습니다.

모발 영양 중금속 검사를 하면 체내의 미네랄과 중금속 성분을 검사하고 각 미네랄의 양과 비율을 통해 검사자의 대사 능력, 자율신경 균형, 각 장기의 기능과 면역력 등을 종합적으로 확인할 수 있습니다. 특히 우리 몸에서 가장 중요한 원소인 칼슘, 마그네슘, 나트륨, 칼륨을 중심으로 우리 아이의 몸에서 어떤 일이 벌어지고 있는지 볼 수 있지요.

체내 모든 미네랄은 단독으로 일하는 게 아니라 서로가 서로에게 영향을 미칩니다. 상호 협력해서 일하는 미네랄의 세계에서는 미네랄 균형이 소화, 신경계, 면역, 두뇌, 근육 등의 모든 기능에 작용하게 됩니다. 그런데 나트륨 섭취가 너무 적으면 어떤 일이 벌어질까요? 장기적으로 부족할 때 아이들의 몸에서 벌어지는 일을 요약하면 다음과 같습니다.[4]

- 임신 기간에 나트륨 섭취가 부족하면 태아의 장기 형성에 영향을 미치고, 바이러스 침입에 취약해진다. 양수에 영향을 미쳐 기형아 출산이나 유산 가능성이 높아진다.
- 나트륨 부족으로 체내 수분이 부족해져 탈수가 오기 쉽다.
- 나트륨 부족 신호를 오해해 단 음식이나 가공식품 섭취가 늘

어나면 염증, 비만 등을 일으킬 수 있다. 실제로 나트륨이 부족한 아이들은 달고 짠 가공식품을 선호하는 경향이 있다.

- 칼륨 섭취는 높고 나트륨 섭취가 낮아 균형이 깨지면 신장에 부담이 간다. 칼륨이 높은 채소를 많이 먹으면서 저염식을 하면 이런 일이 발생한다.
- 위산이 잘 만들어지지 못해 소화력이 약해지고 변비에 쉽게 걸린다.
- 세포 내부와 외부에서 칼륨과 나트륨이 교차하며 세포 내부로 영양분을 공급하고 세포 밖으로 노폐물을 배출하는 '나트륨-칼륨 펌프'에 문제가 생겨 세포 건강이 나빠진다. 세포에 생기는 문제는 모든 건강 문제로 이어진다.
- 인체의 환경이 바이러스가 증식하기 쉬운 상태가 되어 감기, 장염 등에 걸리기 쉬워진다.

요즘 우리 아이들에게서 너무나 흔한 증상입니다. 아이들에게 쉽게 보이는 증상만 간략하게 나열한 것이 이 정도이고, 실제로 인체에서 나트륨 부족으로 인해 벌어지는 증상은 훨씬 많고 다양합니다. 아이의 면역력이 좋지 않아 개인적으로 연락해오는 분들에게 지금까지 아이 식단을 어떻게 구성해주었는지 물으면 저염식 또는 무염식을 해온 경우가 대부분입니다. 거기에 단백질과 지방은 부족하고 탄수화물이 지나치게 높은 '한국식 이유식'을 해왔다면 건강 문제는 한층 더 심각해질 수밖에 없지요. 한창 자라나는 아이들에게 필수 영양소와 나트륨, 다양한 미네랄이 턱없이 부족한 식단은 아이를 병들게 합니다. 지금부터라도 당장 저염식을 멈춰야 하는 이유입니다.

짠맛 중요한 건 알았는데, 소금이면 다 좋은 건가요?

저희 식구는 외출할 때 소금을 가지고 다닙니다. 소형 지퍼백에 담아 소금이 부족한 순간에 사용하지요. 샐러드 주문 시 드레싱을 모두 빼달라고 부탁한 뒤 미리 준비한 올리브오일, 식초, 그리고 질 좋은 소금을 살짝 뿌립니다. 우주가 좋아하는 구운란(난각번호 1번 달걀)을 먹일 때 소금을 살짝 뿌려주기도 하고요. 특히 고기를 먹으러 갈 때는 꼭 가지고 가는데 식당에서 주는 소금장을 피하기 위해서입니다. 소금도 아무거나 먹이면 안 됩니다.

흔히 여러 식품의 원재료 함량으로 많이 보이는 '정제소금'을 보겠습니다. 이 소금은 말 그대로 정제 과정을 거쳤기 때문에 다른 미네랄은 거의 없고 나트륨과 염소만으로 구성되어 있습니다. 또 새하얗게 만들기 위해 표백하기도 하고, 뭉치는 것을 방지하기 위한 첨가물이 들어가기도 합니다. 반면 제가 추천하는 소금은 히말라얀 핑크 소금과 레드몬드 리얼 소금입니다. 히말라얀 핑크 소금은 84가지 미네랄을 함유하고 있고, 레드몬드 리얼 소금은 60가지 미네랄을 함유하고 있습니다.

두 소금 모두 암염巖鹽, 바닷물이 증발하여 소금이 광물로 남은 것으로 염전에서 바닷물을 증발시켜 만든 천일염과 다름인데 오늘날의 천일염에 비해 환경오염에 대한 노출이 적어 상대적으로 깨끗하다는 장점이 있습니다. 여기에 덧붙여 우주가 먹는 소금은 히말라얀 핑크 소금 원물을 수입해 물에 녹여 불순물과 석분을 완전히 제거하는 특허 기술을 보유한 업체에서 만든 것입니다. 좋은 히말라얀 소금을 더 깨끗하게 먹을 수 있는 방법이지요.

아이가 단맛만 선호하는 요인 중 하나가 바로 소금 부족입니다. 우리 몸에는 놀랍게도 염도를 알아서 조절하는 시스템이 구축되어 있습니다. 소금 섭취가 많으면 알아서 배출하고, 부족하면 짠맛을 찾아 먹도록 우리의 입맛을 조율하지요. 몸속 염도가 일정해야 우리 몸이 제 기능을 하기 때문입니다.

우리 몸은 대부분 수분으로 이루어져 있는데, 그 수분을 전부 소금물이라고 표현해도 좋을 거예요. 그런데 몸이 소금을 더 먹으라고 계속해서 신호를 보냈는데도 소금을 적게 섭취하면 우리 몸의 염도 조절 장치는 망가지기 시작합니다.[5] 예를 들어, 신장은 나트륨 농도를 유지하기 위해 인슐린 수치를 높입니다. 그러면 몸 안에 비축해둔 지방과 단백질을 태워 에너지로 사용하는 것이 거의 불가능해지지요. 그러면 우리 몸은 탄수화물 식품을 갈망하게 됩니다. 지금 당장 에너지가 필요한데, 몸에 비축해둔 것은 바로 사용할 수 없으니까요. 이때 고장 나는 기능 중 하나가 맛에 대한 선호입니다. 소금에 대한 갈망이 설탕에 대한 갈망으로 전환되는 것입니다.

아이들은 특히 더 그렇습니다. '왜 설탕을 적게 먹어야 하는지'에 대한 명확한 이해와 조절 능력이 부족한 상태에서, 소금 섭취가 부족한 아이들은 더 많은 단맛을 찾습니다. 아이들이 단것을 먹기 위해 찾는 음식(특히 가공식품)에 짠맛이 들어있는데, 애석하게도 이는 미네랄이 풍부한 진짜 소금이 아니라 인슐린의 분비를 촉발하는 MSG나 정제

소금이지요. 이 오묘한 '단짠'의 조화가 아이들의 미각을 인공적인 맛을 선호하도록 바꾸는데, 한번 길들면 어지간해서는 돌려놓기가 어렵습니다. "우리 아이는 케이크 한 판을 다 먹어요.", "간식 달라고 울고불고 난리를 치는데 어떻게 입맛을 바꿔야 할지 너무 막막해요." 매일같이 저에게 날아오는 엄마들의 고민입니다.

이럴 때 드리는 말씀이 바로 '질 좋은 소금'입니다. 달지 않으면 먹지를 않고 집밥은 쫓아다니면서 억지로 먹여야 먹던 아이들이 짠맛을 조금만 첨가해도 놀라울 정도로 집밥 선호도가 높아지는 것을 저는 수없이 봐왔습니다. 어린이집에 다니며 단맛에 길들어 엄마가 만든 유아식은 쳐다도 보지 않던 아이가 질 좋은 소금을 사용한 고품질의 간장으로 맛을 내주었더니 앉은 자리에서 한 그릇 뚝딱하고 한 그릇 더 먹더라는 이야기, 두 돌까지 저염식을 고수했는데 아이가 식사량이 너무 적고 성장이 더뎌 고민인 가정에서 non-GMO 국산 콩과 간수 뺀 천일염으로 만든 된장을 넣어 목초우 퓌레를 만들어주었더니 길고 긴 '먹태기'가 드디어 끝났다는 감사 인사, 고기는 쳐다보지도 않던 아이가 순도 높은 핑크 소금을 솔솔 뿌려줬더니 게눈 감추듯 먹더라는 소식, 제가 매일 같이 듣는 이야기입니다.

"아니, 알겠으니까 얼마나 먹이면 되냐구요."

아이 건강과 관련해서 제가 받는 질문 중 가장 곤란한 질문이 바로 '얼마나'입니다. 구체적인 수치를 원하는 엄마들의 마음을 왜 모르겠습니까? 명확한 지침이 있어서 몇 그램만 섭취하면 된다면 육아가 얼마나 쉽겠습니까. 하지만 아쉽게도 우주의 몸 상태는 옆집 친구 현이 몸 상태와 다르고, 같은 연령이라도 키와 몸무게가 제각각이며, 나트륨과 관련된 소화 기능, 신장, 간, 근육, 심폐기능도 너무 다릅니다. 그래서 명확하게 "하루 몇 그램 주세요."라고 말하는 것이 불가능합니다. 소금만 그런 것이 아니라 어떤 식품이든 마찬가지입니다. 그래서 제가 자주 하는 말이 있죠. "누군가 아무런 검사 없이 정량을 제안하면 도망가세요."

그럼에도 우리 아이에게 적정한 소금 양을 찾아낼 수 있는 좋은 방법을 2가지 소개합니다. 우선 첫 번째는 엄마의 입맛에서 살짝 싱겁게 요리하는 것입니다. 엄마와 아이는 한 몸이던 관계이니 아이가 태어나고 나서도 많은 것을 공유합니다. 그중 하나가 바로 입맛이지요. 엄마가 먹었을 때 약간 심심하다 싶으면 적절한 간입니다. 다만 엄마가 가공식품에 입맛이 심하게 길들었거나, 다이어트를 위해 저염식을 하는 상황이라면 예외입니다.

두 번째는 같은 요리에 소금 간을 할 때마다 얼마나 간해야 아이가 맛있게 잘 먹고 적당한 양을 먹는지 모니터링 하는 것입니다. 거듭 말하지만, 이미 가공식품에 찌들대로 찌든 어른 입맛보다 아이 입맛이 더 정확할 때가 많습니다. 아이가 짠 음식을 잘 먹는다면 필요에 의한 것일 때가 많습니다. 아이의 입맛을 자세히 관찰하세요. 소금 양에 관한 정답은 도서나 논문에 있는 것이 아니라, 엄마와 아이의 상호관계에서 찾을 수 있습니다.

아이가 아플 때 소금물을 타준다고요?

저는 우주가 아플 때 소금물을 타줍니다. 아플 때는 수분 보충이 중요하거든요. 생수를 마시는 것보다 수분 보충에 훨씬 효과적이에요. 우리 몸의 전해질 농도와 같은 0.9% 농도의 소금물을 타주거나 같은 소금 농도의 사골국을 먹입니다. 《짠맛의 힘》에 따르면 "전해질 농도를 맞추고 우리 몸의 염도인 0.9%에 가까운 1~1.2% 정도면 잘 넘어간다."고 말합니다. 책에서는 이를 '소금차'라고 부르는데요. 그 레시피는 물 300mL에 소금을 3g 분량인 1티스푼, 500mL에 6g 분량인 2티스푼 정도 넣으면 됩니다. 물론 소금차를 먹으면서 자신에게 맞는 소금 양을 찾으라고 덧붙입니다. 소금차는 면역력을 강화하고 기초 대사를 원활하게 하며, 호흡기 감염을 예방할 수 있습니다.

많은 엄마가 아이가 아프면 아무것도 먹지 않으려 한다고 걱정하는데요. 괜찮습니다. 스스로 몸을 회복하는 과정이니까요. 아이가 먹을 수 있다면 목초우 퓌레나 된장죽을 아주 곱게 갈아서 주세요. 퓌레에다 장에 좋은 양배추를 넣어서 평소보다 묽게 만들어주면 소화에 좋고, 가벼운 감기를 치유하는 데 큰 도움이 됩니다.

Chapter 2.

강한 면역력의 열쇠,
고기와 지방

우주는 말을 참 잘 합니다. 두 돌 무렵에 이미 완벽한 문장을 구사했어요. "할머니도 같이 차에 탈까?", "엄마가 기저귀 갈아주세요.", "양말 신고, 신발 신고, 바지 입고 밖에 나가자!"와 같은 말로 가족들을 깜짝 놀라게 했습니다. 또 몇 번 읽어준 책은 내용을 기억했다가 차를 타고 이동하거나 놀이 중일 때 동화 구연하듯 읊곤 했지요. 우주의 지적 성장을 보면 아이 식단에 누구보다 열심이었던 지난날이 무척 뿌듯해집니다. 저는 그 비결로 질 좋은 동물성 지방을 열심히 챙겨 먹인 것을 꼽고 있습니다.

인간의 뇌에서 수분을 제거하고 남은 성분 중 가장 많은 것이 '지방'이라고 이야기하면 사람들의 눈이 동그랗게 커집니다. 뇌는 사실상 지방 덩어리나 다름없습니다. 그 지방 중에서도 다들 벌벌 떠는 콜레스테롤이 꽤 많은 비율을 차지하고요. 미국의 기능의학 의사 데이비드 펄머터 David Perlmutter 는 저서 《그레인 브레인》에서 "콜레스테롤은 신경단위인 뉴런의 기능에 꼭 필요한 필수 뇌 영양소이며, 세포막의 구성 요소로서 근본적인 역할을 담당한다."고 말합니다. 쉽게 말해 콜레스테롤과 지방이 풍부한 음식을 먹으면 뇌세포의 기능이 좋아진다는 뜻이지요. 더 쉽게 말해볼까요? 아이의 뇌가 좋아지려면 지방이 필요하다는 뜻입니다.

우주 식단은 고품질의 유기농 엑스트라버진 올리브오일이나 아보카도오일, 포화지방이 풍부한 코코넛오일은 물론 목초를 먹고 자란 소에게서 얻은 천연버터, 기름을 걷어내지 않은 사골이나 소고기 찜과 같은 동물성 지방으로 가득합니다. 그렇다면 지방은 다 건강하고 좋은 것일까요? 모든 기름이 아이의 두뇌 발달에 도움이 되는 것일까요? 여러분은 어떤 기름을 '건강한 기름'으로 알고 있나요?

현미유, 카놀라유, 참기름의 배신

SNS 계정을 운영하면서 기름 이야기를 자주 꺼냈더니 많은 분이 현미유는 어떤지 묻습니다. 문의가 너무 많아서 검색해보니 블로그 체험단이나 협찬으로 제공하고 있거나 SNS에서 공동구매로 판매되는 몇몇 현미유가 눈에 띄었습니다. 공격적인 마케팅을 통해 많이 알려졌고, 그래서 가격이 저렴할 때 쟁여두는 분들도 많았습니다.

식물성 기름이 건강하다는 말도 안 되는 오해를 저도 과거에는 철석같이 믿었습니다. 살찌기 싫었던 저는 모든 음식에 해바라기씨유나 카놀라(유채)유와 같은 '건강하고 살 안 찌는 불포화지방'을 아주 소량만 이용했지요. 고기를 먹을 때도 포화지방 덩어리인 비계는 잘라내고 살코기만 먹고, 닭고기도 가능하면 지방이 없는 닭가슴살만 먹으려고 했습니다. 이런 걸 상식으로 아는 분들은 아무런 의심도 하지 않고 아이들에게도 그렇게 먹일 테지요. 발연점이 높다는 점을 강조하여 엄마들의 마음을 사로잡은 현미유를 비롯하여 카놀라유, 포도씨유, 콩기름, 해바라기씨유 등이 아이들의 식단을 가득 채우고 있는 걸 보면 이제는 너무 속상합니다. 앞서 언급했던 안셀 키스를 기억하나요? 건강한 동물성 기름을 악마로 만들어 식탁에서 몰아내고 그 자리에 식물성 기름을 올려놓은 장본인입니다. 그 때문에 우리나라 사람들도 포화지방은 건강에 나쁘고, 불포화지방은 건강에 좋은 것으로 인식하게 되었습니다.

정말 그럴까요? 인간이 인위적으로 만든 지방 말고, 자연적으로 존재하는 지방은 각기 역할이 다를 뿐 모두 우리 몸에 꼭 필요합니다. 어떤 것은 좋고 어떤 것은 나쁘다고 말할 수 없습니다. 탄수화물과 지방이 그랬습니다. 탄수화물의 소비를 늘리기 위해 지방을 나쁜 것으로 만들고, 반대로 탄수화물을 나쁜 것으로 만들기 위해 지방을 옹호합니다. 하지만 이는 건강식의 논점을 흐리는 것일 뿐입니다. 지방도 탄수화물도 모두 우리 몸에 필요합니다. 다만 어떤 급원으로 어떻게 먹는지가 중요할 뿐입니다. 똑같은 탄수화물이라도 유기농 채소로 집에서 만든 것과 정제 가공식품으로 먹는 것이 어떻게 같을 수 있겠어요? 마찬가지로 포화지방, 불포화지방 중 뭐가 좋고 나쁜 게 아니라 어떤 급원을 통해 어떻게 먹느냐가 중요한 것입니다. 가공된 탄수화물이 나쁜 것처럼, 고도로 가공된 지방도 나쁩니다.

식물성 기름, 왜 먹지 말라는 건가요?

그렇다면 우리가 건강하다고 알고 있는 그 식용유들이 왜 건강하지 않은지 설명하겠습니다. 딱 봐도 기름 한 방울 얻기 힘들어 보이는 콩, 해바라기씨, 유채씨, 포도씨, 현미에서 기름을 추출할 때 눌러서 짜는 압착 방식으로는 정말 적은 양의 기름밖에 얻을 수 없습니다. 효율성이 떨어지지요. 그래서 기업들은 헥산hexane을 사용하여 기름을 추출합니다. 헥산은 식용유나 오메가-3 등의 제품을 만들 때 사용하는 화학물질로, 헥산을 이용하면 많은 양의 기름을 손쉽게 얻을 수 있습니다. 문제는 헥산 추출 기름에서 이 헥산을 100% 분리하는 것이 불가능하여, 아이들이 먹는 기름에 잔류할 수 있다는 것입니다.[1]

식용유에 들어 있는 헥산의 잔류량은 식약처 기준치보다 낮기 때문에 안전하다고 말하지만 그렇다고 헥산이 남아 있는 식용유를 굳이 먹여야 할 만큼 득이 있지도 않습니다. 헥산은 호르몬 분비에 변화를 일으키고 발암성도 확인되었습니다. 또한 헥산이 포함된 용액에 노출된 근무자들의 말초 신경에서 독성이 나타났다는 사실도 확인되었습니다. 헥산은 대기 중으로 방출되면서 대기오염을 유발할 수 있기 때문에 환경을 위해서도 올바른 선택이 아닙니다.[2]

그래서 등장한 것이 압착 방식을 이용한 식용유인데요. 그럼 이런 기름들은 아이에게 먹여도 괜찮을까요? 문제가 몇 가지 더 있습니다. 불포화지방산을 섭취할 때는 오메가-3와 오메가-6의 비율이 중요합니다. 오메가-6의 비율이 지나치게 높으면 우리 몸에서 염증을 일으키고[3] 비만을 유발합니다.[4] 세계보건기구WHO에서 권장하는 오메가-3와 오메가-6의 비율은 1:4입니다. 저는 1:2를 넘기지 않는 것이 좋다고 봅니다. 가정에서 아무리 노력해서 잘 먹여도 아이들이 기관에 다니거나 외식하며 평소 오메가-6가 높은 음식을 접할 가능성이 높기 때문입니다. 알게 모르게 먹는 오메가-6가 생각보다 많습니다. 그런데 대부분의 식물성 기름은 오메가-6의 비율이 지나치게 높습니다. 옥수수, 목화씨, 땅콩, 홍화, 참깨, 해바라기씨에는 오메가-3가 없고 오메가-6가 많습니다. 많이들 구매하는 현미유에는 오메가-6가 오메가-3보다 35배 많고, 오메가-3는 1.5%에 불과하니 건강하다고 볼 수 없겠지요.

카놀라유는 오메가-3와 오메가-6의 비율이 1:2.3정도 되는데, 그럼 카놀라유는 건강한 것일까요? 이제 식물성 기름의 마지막 문제인 '산화'에 대해 말할 차례네요. 불포화지방은 구조상 포화지방에 비해 산소와 결합하기가 쉬운데, 이렇게 산소와 반응하여 변질되는 것을 산화라고 부릅니다. 산화된 기름은 염증을 일으키고 세포의 에너지 공장인 미토콘드리아를 손상시키고, 세포를 재생산하는 능력을 떨어뜨리는 것은 물론 장내 세균총에도 불균형을 일으킵니다. 유기농이어도 마찬가지입니다. 그래서 불포화지방이 많이 함유된 음식을 섭취할 때는 최대한 자연적인 상태로 가공하지 않고 먹는 것이 좋습니다. 하지만 착유 과정에서 기름은 이미 산화가 진행되기 때문에 권장하기가 어렵습니다. 이렇게 문제가 많은데, 굳이 식물성 기름을 사서 먹일 필요가 있을까요?

이런 식물성 기름이라면 먹여도 좋습니다

저는 올리브오일을 참 많이 씁니다. 찬장에 다양한 올리브오일을 구비해놓고 오묘한 맛의 차이를 즐길 정도지요. 식물성 기름을 먹이지 말라고 해놓고 올리브오일은 왜 먹이냐고요? 올리브오일은 다른 가공 식물성 기름들에 비해 산화 가능성이 상대적으로 낮습니다. 또 냉압착 Cold pressed 제품은 열을 가하지 않고 눌러 짠 것이기 때문에 산화의 위험이 매우 적고 헥산 추출의 위험으로부터 안전하면서 영양소의 보존도가 높습니다. 어두운 유리병에 든 것으로 구매해 빠르게 소진한다면 건강에도 좋고 안정적인 좋은 기름입니다.

비슷한 이유로 아보카도오일도 선호합니다. 아보카도는 식물이지만 포화지방을 많이 함유하고 있어서 아이들의 성장에도 도움이 됩니다. 오일을 구매할 때는 냉압착 또는 저온 압착 제품이 맞는지 확인하고, 마찬가지로 어두운 병에 든 걸 구매하면 됩니다.

식물성 기름 중에 제가 으뜸으로 꼽는 것은 코코넛오일입니다. 식물이지만 포화지방 함량이 매우 높아요. 영양이 풍부한 것은 말할 것도 없지요. 하지만 특유의 향이 있어 그렇게 쓰임이 많지 않다는 것이 단점이라면 단점입니다. 카레, 각종 튀김 등 코코넛 향과 잘 어울리는 요리에 사용합니다.

코코넛오일에서 중쇄지방산 Medium Chain Triglyceride 만 추출하여 만든 MCT오일이 있습니다. 중쇄지방산은 간에서 케톤이라는 고품질의 에너지원을 만들어내 우리 몸에 활력을 불어넣습니다. "뇌는 오로지 포도당만 에너지원으로 쓴다."는 말 들어본 적 있죠? 틀린 말입니다. 뇌는 지방을 분해해서 만들어진 '케톤체'라는 물질도 에너지원으로 씁니다.

우리 몸은 아주 영리합니다. 영장류가 처음 나타난 이후로 진화에 진화를 거듭해 호모 사피엔스가 될 때까지, 수많은 환경과 변수에 적응하면서 정교하고 놀라운 시스템을 만들어냈죠. 그중 하나가 바로 '하이브리드 연료 시스템'입니다. 평소 포도당이 잘 들어올 때는 포도당을 에너지원으로 쓰다가 음식이 없거나 사냥할 수 없는 시기에는 체지방을 태워 케톤체를 에너지원으로 써서 살아남는 신기한 시스템을 갖추었습니다. 케톤체를 에너지원으로 사용하면 뇌의 효율이 좋아지고 덩달아 체지방도 연소하는 효과를 얻을 수 있지요. 따라서 케톤을 만들어내는 MCT오일은 인간에게 좋은 에너지원이 될 수 있습니다.

그런데 MCT오일을 섭취할 때는 주의사항이 있습니다. 절대 열을 가해서 먹으면 안 되며, 절대로 조리용으로 사용해도 안 됩니다. 또 지방 대사가 원활하지 않은 상태에서 섭취할 경우 설사할 수 있습니다. 탄수화물의 섭취를 줄이고 지방 섭취가 늘어서 몸이 지방 대사에 익숙해지고 난 후에 먹는 것이 좋습니다. 그래서 아이들에게 굳이 MCT오일까지 챙겨줄 필요는 없어요. 지금은 질 좋은 고기, 버터 등으로 자연스럽게 챙겨주면 충분합니다.

TIP 유아식 기름 고르는 법

이유식 후반부터 식물성 기름을 사용하기 시작하다 유아식에 접어들면 본격적으로 기름에 볶거나 굽는 요리가 많아집니다. 다음을 참고해서 아이에게 건강한 기름을 고르기 바랍니다.

1. 오메가-3와 오메가-6의 비율

원시 조상은 오메가-3와 오메가-6의 비율을 1:1 정도로 섭취한 것으로 알려져 있고, WHO가 권장하는 오메가-3와 오메가-6의 이상적인 비율은 1:4 이하입니다. 이보다 비율이 높으면 우리 몸에서 염증 반응이 증가하여 건강에 악영향을 미치게 됩니다.

대부분의 식물성 기름은 오메가-6가 지나치게 높아 염증을 일으키기 쉬우므로 섭취량을 줄이는 것이 좋습니다. 다만 비율이 다소 높더라도 절대량이 많지 않은 올리브오일과 아보카도오일은 다른 건강상의 이점이 많아 염증을 유발할 가능성이 낮습니다.

오메가-3와 오메가-6의 함유량이 높으면서 동시에 오메가-6의 비율도 높은 기름은 다음과 같습니다.[5]

해바라기씨유(1:200 이상), 옥수수기름(약 1:46), 콩기름(약 1:7), 땅콩기름(약 1:32), 현미유(약 1:20), 참기름(약 1:152)

2. 산패 가능성

식물성 기름은 대부분 불포화지방산이 높은데, 불포화지방산은 우리 몸에 반드시 필요한 지방산이지만 '불포화'라는 용어 자체가 산소와 결합하여 산패되기 쉽다는 것을 의미하기도 합니다. 특히 다가불포화지방산의 함량이 높을수록 산화에 취약합니다. 다음은 주요 식물성 기름을 산패 가능성이 높은 순서로 정리한 것입니다.[6]

아마씨유, 호두오일, 생선기름, 콩기름, 옥수수기름, 해바라기씨유, 땅콩기름

이 목록에 없더라도 식물성 기름은 산화에 취약하므로 반드시 어두운 유리병에 든 것으로 구매하여 빛이 들지 않는 곳에 보관하고 가급적 빨리 먹는 것이 좋습니다.

3. 헥산 추출

식용유에 잔류하는 헥산의 잔류물은 소량이지만 이에 장기적으로 노출되었을 때의 영향은 아직 충분한 연구가 이루어지지 않았으므로 주의하는 것이 좋습니다. 이를 피하기 위해서는 어떤 식물성 오일을 고르든 '냉압착' 제품을 고르는 게 좋습니다. 말 그대로 열을 가하거나 용매를 사용하지 않고 눌러 짰으므로 잔류 화학물질에 대한 우려가 없고 영양 파괴가 적다는 장점이 있습니다. 또한 유기농 인증을 받은 제품을 고르는 것도 좋은 방법입니다.

지방을 많이 먹으면
뚱뚱해질 거라는 오해

우주는 다른 아이들에 비해 많은 양의 지방을 먹지만 몸이 다부지고 날씬합니다. 같은 식사를 하는 저와 남편도 날씬하지요. 온 가족이 우주 식단을 해서 체중으로 인한 걱정이나 고민을 할 필요가 없습니다. 타고난 것 아니냐고요? 그렇지 않습니다. 20대 때 거식증을 극복해보기 위해 식사량을 늘렸을 때 저는 70kg에 육박할 정도로 체중이 불었습니다. 유전자 검사를 해보니 살찌기 좋은 모든 조건을 갖추고 있었습니다. 신랑도 조금만 편하게 식사를 하면 벌써 배와 허리 주변이 둥실둥실해집니다. 저희 가족이 날씬한 것은 단연코 저탄수화물 고지방 음식 섭취와 연관이 있습니다.

탄수화물을 지나치게 섭취했을 때 우리 몸은 쓰고 남은 포도당을 글리코겐Glycogen이라는 형태로 바꿔 저장합니다. 나중에 에너지가 부족해지면 쓰려고 하는 것이지요. 충분히 저장했는데도 포도당이 남는다면 지방으로 바꿔 저장합니다. 그래서 살찌는 것이지요. 현대인의 대부분은 매 끼니 적정량 이상의 탄수화물을 먹기 때문에 너무나 쉽게 지방으로 저장됩니다.

요즘은 과체중이나 비만한 아이들을 보기가 너무 쉬워졌습니다. 이 역시 아이들 식단을 보면 답이 나옵니다. 집에서도, 어린이집에서도, 학교에서도, 외식을 나가서도 온통 고탄수화물 식단입니다. 흰밥, 죽, 떡, 빵, 면 등 탄수화물의 비율이 60~70%를 우습게 넘어갑니다. 여기에 산화된 식물성 기름, 설탕 덩어리 소스류까지 더해지면 겁날 정도의 초고탄수화물, 산화 위험이 높은 식단이 됩니다. 살찌지 않는 것이 이상하지요.

살찌는 것을 경계해야 하는 이유는 비단 외모 때문만이 아니에요. 그보다 심각한 것은 바로 염증입니다. 체중 증가와 염증은 밀접한 관련이 있어요. 염증은 모든 질병의 시작점이죠. 염炎의 종착지는 암癌이고요. 이렇게 염증이 생기고 살찌고 병드는 과정이 눈에 잘 보이지 않고 시간이 소요되다 보니 문제가 있다고 느끼기 어렵습니다. 지금 당장 건강해 보이는 아이들이 더 그렇지요. 몸에 나쁜 음식을 먹었을 때 아토피나 천식, 잦은 감기 등으로 증상이 나타나는 아이들은 부모가 바로 조심해야겠다고 생각하고 노력을 기울이지만, 겉으로는 아무 증상도 없다면 경각심을 가지기가 어렵습니다.

최신 연구들은 우울증의 원인으로 세로토닌 부족이 아니라 염증을 지목하고 있습니다. 장누수증후군으로 인한 염증의 증가가 우울증과 관련이 있다는 지표를 보여주는 논문[7], 염증 지표인 사이토카인 Cytokine과 우울증의 상관관계를 보여주는 자료[8]는 물론 염증과 우울증

간의 관계를 규명한 책도 있습니다.[9] 염증을 일으키는 생활습관과 식습관을 바꾸면 약 없이도 우울증에서 벗어날 수 있음을 보여주는 책도 있지요.[10] 기능의학의 대가인 미국 의사 마크 하이먼Mark Hyman은 저서 《ADHD 우울증 치매 이렇게 고쳐라》에서 우울증의 원인을 엽산과 비타민B6 및 비타민B12 결핍, 갑상선 기능 저하, 음식에 대한 알레르기, 뇌 염증을 일으키는 글루텐에 대한 자가면역반응, 수은 중독, 제대로 소화되지 않은 음식, 혈당 불균형, 오메가-3 지방산 부족, 과도한 스트레스 등으로 다양하게 기술했습니다. 우리가 먹는 음식과 생활, 그로 인해 발생하는 염증과 우울증의 관계를 자세히 알렸지요. 우리 몸에 염증을 일으켜 뇌 기능까지 악화하는 음식을 우리 아이들의 식단에서 빼야 합니다.

그렇다면 어떤 음식이 염증을 가장 많이 일으킬까요?

가장 대표적인 것 3가지를 꼽으라면 하나는 가공식품 안에 든 '정제 탄수화물'과 '당분'입니다. 다른 하나는 '가공된 기름'이고요. 별다른 경각심 없이 아이들에게 먹이고 있는 것들이지요.

제게 이런 말을 하는 분들이 있습니다. "어린 시절 오렌지 주스를 입에 달고 살았고 맛있는 것 편하게 먹고 살았지만 30대가 된 지금 아무런 문제 없이 잘 살고 있는데요?", "아이들은 아무거나 먹어도 잘 자라요. 맛있는 거 못 먹고 자라는 아이가 불쌍합니다." 가공식품과 정제 탄수화물을 양껏 먹어도 정말로 아무 문제가 없고 건강하다면 축복받은 사람이지만 아쉽게도 그런 사람은 극소수에 불과합니다. 대부분은 그렇게 먹으면 반드시 병에 걸립니다. 대사성질환을 앓는 연령은 갈수록 낮아지고 환자 수가 날로 늘어나는 것이 그 증거지요. 내 아이가 염증 유발 식품을 실컷 먹어도 장기적으로 아무 문제가 안 생긴다는 낮은 확률에 기대를 걸어야 할까요?

TIP 케첩과 마요네즈, 이렇게 먹이면 됩니다

감자튀김 좋아하시죠? 감자만 먹으면 심심해서 옆에 케첩도 듬뿍 있어야 합니다. 어린 시절 치킨집에 가면 아주 가늘게 채 친 양배추를 케첩과 마요네즈에 버무려서 사이드로 내주었는데 치킨보다 더 맛있습니다. 신맛과 단맛을 어쩜 그렇게 완벽한 비율로 섞었을까요? 얘기가 나왔으니 말인데, 마요네즈는 또 얼마나 맛있습니까?

집집마다 냉장고에 한 통씩은 꼭 들어 있는 마요네즈와 케첩을 저는 '캐주얼 소스'라고 부릅니다. 이 캐주얼 소스를 사용해서 만든 음식들은 외식하러 가도 꼭 있죠. 원하면 매일매일 먹을 수 있으니 캐주얼하다고 표현할 만합니다. 하지만 저는 이 맛있는 소스들을 2016년부터 과감하게 끊고 직접 만들어 먹거나 다른 소스로 대체하고 있습니다. 이유를 살펴보지요. 우리나라에서 유명한 케첩의 원재료 함량입니다.

토마토 페이스트 43.8%[외국산(미국, 칠레, 중국 등)], 정제수, 물엿, 설탕, 발효식초(주정, 발효영양원), 정제소금(국산), 잔탄검, 케첩향신료[천연향신료(육두구: 인도네시아산), 양파분(미국산)]

제품의 상세 페이지를 보면 "몸에 좋은 토마토가 듬뿍 들어 있다."고 하면서 자연 식재료임을 강조하고 있습니다. 하지만 원재료를 읽어보니 우리가 사랑하는 단맛은 물엿과 설탕이 내고 있군요. 어쩌다 한 번씩 먹는 것은 큰 문제가 없어 보일지 몰라도 자주 먹기는 곤란합니다. 마요네즈 원재료도 볼까요?

식물성 유지[외국산(아르헨티나, 미국, 중국 등)], 정제수, 난황액[난황(계란: 국산), 정제소금(국산)], 발효식초, 난백액(계란: 국산), 냉동난황, 설탕, 정제소금, 난황액에스, 향미유, 포도당, 식물성분해단백, 잔탄검, 효소제제, 간장믹스

우선 제 눈을 번쩍 뜨이게 하는 것은 '식물성 기름'입니다. 앞서 올리브오일, 아보카도오일, 코코넛오일을 제외한 식물성 기름을 피해야 하는 이유를 설명했지요. 그런데 대부분의 마요네즈는 대두유와 같이 오메가-6의 비율이 높고 산화되기 쉬운 건강하지 않은 기름을 사용해서 만듭니다. 여기에 닭의 건강을 장담하기 힘든 달걀과 설탕 등을 넣고 만들지요. 첨가물은 케첩보다도 많이 들었습니다. 참치마요, 에그마요를 포함해 많은 요리에 마요네즈가 베이스로 쓰이는 걸 생각하면 아이들의 식단에서 빼야 하는 이유는 충분하죠.

하지만 너무 아쉬워할 필요는 없어요. 일반적인 캐주얼 소스에 이런 문제가 있다는 걸 파악하고 개선한 제품들이 시중에 많거든요. 설탕 대신 액상 알룰로스를 이용해 혈당 문제를 개선하려고 노력한 케첩 제품도 있고, 대두유 대신 올리브오일이나 아보카도오일을 사용한 마요네즈 제품도 있습니다. 그중에는 유기농 식재료를 사용한 제품도 있으니 생각보다 선택의 폭이 넓습니다. 케첩은 토마토 외에 아무것도 넣지 않은 토마토 페이스트나 토마토 주스로 대체하는 것도 좋은 방법이고요. 물론 만들어 먹는 것이 가장 좋습니다. 지난여름 밭에서 직접 기른 토마토를 따서 껍질을 까고 씨를 빼 졸여 만든 케첩을 우주에게 주었습니다. 세상 달아서 단맛을 추가로 넣어줄 필요도 없었어요.

물론 토마토 케첩을 만들자고 텃밭까지 가꿀 필요는 없습니다. 유기농 토마토를 구매해서 냄비에 졸여 껍질과 씨만 채반에 걸러도 충분해요. 마요네즈도 만들어 먹을 수 있습니다. 엑스트라버진 올리브오일과 난각번호 1번 달걀, 유기농 애플사이다비니거와 질 좋은 소금 약간만 있으면 누구나 10분 안에 건강한 마요네즈를 만들 수 있어요(178쪽). 이렇게 만든 마요네즈 베이스에 다진 마늘을 살짝 넣어 갈릭 마요네즈를 만들기도 하고, 여기에 다진 올리브를 넣어 신선한 올리브 마요네즈를 만들 수도 있습니다. 엄마가 직접 만들어주는 럭셔리 소스죠.

# 고기를 열심히 먹여야 하는 이유

20대 중후반에 채식한 적이 있었습니다. 건강에도 좋고 지구 환경도 지키고 무엇보다 날씬한 몸을 유지할 수 있을 것 같아서였죠. 그러던 어느 날, 채식을 잘못하다가는 심각한 건강상의 문제가 생길 수도 있다는 걸 알게 되었습니다. 채식으로는 얻을 수 없는 비타민과 미네랄이 존재한다는 사실입니다. 그중 하나가 비타민B12인데, 섭취량이 부족해지면 돌이킬 수 없는 신경 손상을 일으킬 수 있다는 내용이었습니다.[11]

돌이킬 수 없는 신경 손상이라니, 너무 무서운 말 아닌가요? 더구나 비타민B12는 적혈구의 생성에 관여하므로 부족하면 빈혈을 일으킬 수 있고, 성장에 중요한 세포의 정상적인 분열에도 필요합니다. 아이의 기분에 영향을 미치는 신경전달물질을 만들 때도 필요하고, 아이의 인지능력이 향상되어야 할 때도 필요합니다.

특히 성장기 아이들에게 더 치명적이지요. 필수 아미노산은 우리 아이의 몸의 필수 구성 성분이 되고, 호르몬과 신경전달물질 생성의 기본적인 재료가 됩니다. 신경전달물질이란 세로토닌, 옥시토신, 멜라토닌, 도파민, 바소프레신 등을 말하며, 신경세포 간에 신호 전달을 담당하여 우리의 기분과 태도, 감정에 영향을 미치는 중요한 물질입니다. 단백질 섭취가 부족하여 필수 아미노산의 수급이 부족해지면 짜증이 늘고 기분과 태도가 달라질 수 있습니다.

"하지만 식물에도 단백질은 충분히 있잖아요. 식물성 단백질로 채워주면 안 되는 건가요?" 간혹 이런 질문을 받는데요. 식물에도 단백질은 있지만 동물성 단백질과 흡수율 면에서 큰 차이가 납니다. 미국 세인트 존스에 있는 엘리슨 클리닉의 영양사 케이트 코헨Kate Cohen은 식물성 단백질이 섬유질에 싸여 있고 인체가 섬유질을 쉽게 분해하지 않기 때문에 흡수가 쉽지 않다고 설명합니다. 동물성 단백질이 식물성 단백질보다 소화와 흡수가 쉽고, 오메가-3 지방산, 비타민B12, 칼슘과 비타민D의 최고의 공급원이라고 말하지요. 또한 고기를 통해 얻은 단백질은 우리 아이들의 근육, 뼈, 뇌 등 각종 신체 조직의 가장 기본적인 구성 성분입니다. 채식으로 아이 몸에 꼭 필요한 단백질을 모두 충족시키려면 굉장히 다양하고 엄청난 양의 채소를 먹여야 하는데, 쉬운 일이 아닙니다.

마트에서 파는 고기는 가급적 피하세요!

저도 과거에는 고기라면 다 좋은 것인 줄만 알았습니다. 그래서 마트에서 신나게 고기를 골라서 카트에 담았지요. 장을 보다 보니, 사람 심리가 점점 저렴한 고기에 손이 가더군요. 어떻게 만들어진 고기인지 궁금하지 않았습니다. 그런 걸 궁금해해야 한다고 알려주는 사람도 없었고요.

식단에 대해 공부할수록 고기라고 다 같은 고기가 아니라는 걸 알게 되었습니다. 소위 '공장식 축산'으로 인해 동물들이 비좁고 비위생적인 환경에서 자라고, 살찌우는 사료를 먹게 되고, 온갖 항생제나 성장촉진제 등을 맞는다는 내용이지요. 그리고 각종 다큐멘터리를 통해 공장형 축산의 문제가 동물에게만 해를 입히는 것이 아니라 인간의 몸에도 악영향을 미친다는 것을 여실히 깨달았습니다.

하지만 좋은 고기를 먹으려고 해도 우리나라에서 제가 원하는 고기를 찾기 어려웠습니다. 그 '좋은 고기'라는 것이, 타고난 그대로의 환경에서 자연스럽게 자란 동물에서 얻은 것이었거든요. 소로 치자면 넓은 초원에서 자유로이 돌아다니며 풀을 뜯어 먹고 사는 소입니다. 땅이 좁은 우리나라에서는 쉽지 않지요. 수입육이라도 찾고 싶지만 수요가 부족해서인지 가격이 매우 비쌌어요.

그런데 웬걸요. 대한민국에 불어닥친 저탄수화물 식단의 열기가 쉽게 사그라들지 않고 좋은 고기에 대한 수요가 늘어나자 자연 방목 목초육이나 이베리코 베요타 돼지고기 같은 질 좋은 고기를 예전보다 저렴한 가격에 공급하는 업체들이 생겨나기 시작했습니다. 가격도 조금씩 합리적으로 조정됐고요. 제가 식단을 공부하기 시작하고 거의 10년이 흐른 지금은 아주 저렴한 가격에 목초 먹고 자란 소고기를 구매할 수 있을 정도로 사정이 좋아졌습니다.

제가 우주에게 먹이는 육류는 이렇습니다. 소고기는 초지 방목하여 풀만 먹인 소, 돼지고기는 이베리코 베요타, 닭고기는 최소 무항생제 유기농 동물복지, 달걀은 난각번호 1번란입니다. 달걀은 몰라도 제가 찾는 육류는 마트 진열대에서는 만나기가 힘들지요. '청정우'라고 해도 완전히 풀만 먹인 고기는 정말 찾기 어렵습니다.

이렇게 까탈을 부리는 이유는 아주 분명합니다. 건강하지 않은 고기는 독소 덩어리이기 때문입니다. 사람도 음식을 건강하지 않게 먹으면 온몸에 염증이 생기듯이 동물도 적합하지 않은 음식을 먹으면 염증이 생깁니다. 사람도 제대로 움직이지 않으면 온갖 질병에 걸리듯 동물도 마찬가지입니다. 저도 급할 때는 마트에서 고기를 사기도 하지만, 되도록 좋은 고기가 집에서 떨어지지 않도록 신경을 씁니다. 우리가 아이들에게 육류를 먹이는 것은 그 고기를 먹고 건강해지게 하려는 것인데, 아무 고기나 먹여서 될까요?

TIP 닭고기는 어떤가요? 양고기는요?

닭 자체는 좋은 고기가 맞습니다. 하지만 제가 우주에게 닭을 자주 먹이지 않는 이유는 닭의 사육 환경과 닭고기의 생산 방식 때문입니다. 많은 농장이 동물복지와 무항생제 인증을 받을 수 있는 환경을 갖추고 닭고기를 생산하고 있습니다. 그러나 이 '무항생제 인증'이라는 것이 무항생제 100%를 의미하지는 않는다는 것에 주목할 필요가 있습니다. '인증'의 이면에는 어설프거나 의문스러운 기준들이 적용되고는 하는데, 닭의 무항생제 인증이 그렇습니다. 한 기사가 이를 잘 설명하고 있습니다. "치킨에 사용되는 육계의 경우 항생제를 투여하지 않은 기간이 21일 이상이면 '무항생제 닭'이 된다. 치킨용 육계는 보통 입식 후 28일 이후부터 출하가 가능하다. 7일간은 항생제를 투약할 수 있다는 뜻이다."[12]

소고기도 초지 방목한 것이 있고 돼지고기도 이베리코 베요타처럼 건강하게 키우는 고기가 있는데, 닭고기도 당연히 있지 않을까요? 이런 생각으로 열심히 알아본 결과 건강하게 방목하여 키우는 양계 농장을 발견했습니다. 하지만 닭 한 마리의 가격이 무려 4만 원입니다. 충분히 값어치하는 좋은 고기라고 생각하지만, 자주 사 먹이기에는 부담스러운 가격이지요. 그나마 다른 업체에 시중의 닭보다 덜 나쁜 닭이 있어 가끔 거기서 사 먹이는 게 전부입니다.

그렇다면 소, 닭, 돼지 이외의 다른 고기들은 어떨까요? 구할 수 있는 것 중에서 가장 좋은 고기는 양고기라고 생각합니다. 일반적으로 초지 방목되어 건강하게 자라는 편이지요. 영양적으로도 비타민B12가 풍부한데, 앞서 언급한 것처럼 비타민B12의 부족은 신경 손상, 우울증, 성장 지연 등의 문제를 일으킬 수 있습니다. 또한 철분과 아연이 많고 흡수율이 높아, 면역력에 도움이 되는 아주 좋은 선택입니다.

다만 주의할 점이 있습니다. 이렇게 좋은 고기라고 할지라도 고려해야 할 부분이 2가지가 있는데, 첫 번째는 아이의 소화 능력입니다. 선천적으로 위장 기능이 약하게 태어난 아이들이 있는데, 이런 아이들은 고기를 많이 먹으면 속이 불편하고 소화가 어렵고 장내 환경에 나쁜 영향을 미칠 수도 있어요. 다짐육이나 얇게 슬라이스 된 고기로 조리하거나 요리한 후에 잘게 잘라주어, 아이가 속 불편해하지는 않는지, 변비나 설사는 없는지 주의 깊게 살펴보면서 양을 조절해야 합니다.

두 번째는 알레르기 여부입니다. 소고기는 괜찮은데 돼지고기가 안 맞는 아이도 있고, 다른 고기는 다 잘 받는데 유독 양고기를 불편해하는 아이도 있습니다. 알레르기의 양상은 아이마다 다양하기 때문에 엄마가 유심히 살펴보고 찾아주는 수밖에 없지요. 또한 알레르기가 평생 가는 것도 아니어서, 성장과 건강 상태의 변화에 따라 괜찮아지거나 나빠지기도 합니다. 식사 후 아이의 컨디션을 잘 살펴주면서 아이 건강에 꼭 맞는 좋은 고기를 먹여주세요. 또한 알레르기가 있다고 고기를 무조건 피하기만 하는 것은 지혜로운 방법이 아닙니다. 알레르기가 일어나는 근본적인 원인을 찾아 제거하면서 질 좋은 단백질을 섭취할 수 있는 건강한 몸을 만들어주는 것이 중요합니다.

고기 지방 좀 그만 떼세요!

"아휴, 옛날엔 사골 기름이 그렇게 좋은 줄도 모르고 그 고생을 하며 다 건져냈는데…. 심지어 추운 데 내놓고 차갑게 식으면 위에 떠다니는 굳은 기름을 걷어내고 그랬어."

소뼈를 사서 사골을 고아내고 있었더니 친정 엄마가 하신 말씀입니다. 엄마는 소기름이 나쁘다고 하기에 사골을 끓일 때마다 팔이 떨어지게 기름을 건져냈다고 했습니다. 그렇게 건져내고도 한 김 식혀 하얗게 굳은 기름을 다시 떠냈다고요. 김치찌개를 끓일 때도 사온 고기를 일일이 지방을 잘라내고 끓였다고 했습니다. 삼겹살이라도 먹는 날엔 맛있지만 나쁜 음식을 먹는 거라고 생각하셨고요. 친정 엄마는 이제 질 좋은 고기에서 나오는 기름이 얼마나 귀한지 잘 아십니다.

그런데 지방을 잘라내고 걷어내는 일이 대부분의 가정에서는 현재 진행형입니다. "우주맘은 고기의 어떤 부위를 사서 먹이나요? 우주맘이 추천하는 고기들은 지방이 너무 많던데요.", "사골은 기름이 너무 많아서 아기한테 먹이면 안 된다던데, 우주맘은 왜 이유식에 사골을 쓰나요?" 제가 매번 받는 질문입니다.

고기 기름, 특히 소기름이 나쁘다고 알려진 데는 아주 우스꽝스러운 배경이 있습니다. 고기를 구워 먹고 나면 기름이 상온에서 식어 하얗게 굳지요. 그걸 보면서 기름을 먹으면 하얗게 굳은 지방이 혈관을 타고 다니며 막는다는 말이 나온 겁니다. 조금만 생각해보면 얼마나 우스운 이야기인지 모릅니다. 하얗게 굳은 소기름을 한 덩이 덜어 손바닥 위에 올린 뒤 살짝 문질러보세요. 체온에 의해 금방 녹습니다. 체내에서 소기름은 하얗게 굳을 수가 없습니다. 또한 먹은 음식이 그대로 몸속에 돌아다닐 수도 없습니다. 우리 몸은 무엇이든 흡수하기 위해 잘게 쪼갭니다. 그래야 영양분을 다양하게 쓸 수 있거든요.

지방이 상온에서 고체가 되어 하얗게 굳는다는 것은 그 지방이 산소와 만나도 쉽게 변질되지 않는다는 것을 의미합니다. 앞선 장에서 포화지방과 불포화지방에 대해 이야기한 적 있지요? 포화지방산은 수소(H)로 꽉 차 있어 산소가 끼어들 틈이 없는 안정적인 지방입니다. 그래서 분자 구조를 보면 일자로 곧게 뻗어 있죠. 반면 불포화지방산은

포화지방(왼쪽)과 불포화지방(오른쪽)의 분자 구조.

수소결합이 깨어져 구조적으로 휘어 있습니다. 그래서 상온에서도 액체로 존재하는 것이고요. 결합이 깨진 틈으로 산소가 결합하기 쉽습니다. 그래서 산화되기 쉬운 기름이라고 말하지요.

기름이 하얗게 굳는 것은 몸에 나쁜 것이 아닙니다. 그 자체로 포화지방의 안정성을 보여주는 것입니다. 포화지방도 불포화지방도 어떤 급원에서 얻느냐가 중요할 뿐, 뭐가 더 좋고 나쁜 것이 아닙니다.

이런 설명을 듣는다고 해도 생각이 하루아침에 바뀌지는 않을 거예요. 한 번에 바꾸지 않아도 됩니다. 아이에게 적용하기 부담스러우면 엄마 먼저 고기 지방을 가까이하는 식습관을 들여보세요. 그리고 몸의 변화를 살펴보세요. "아, 이거 정말 좋구나." 하고 느끼게 될 겁니다.

베이컨과 햄은 고기가 아닙니다

저탄수화물 고지방 식품인 가공육은 어떠냐고요? 탄수화물만 줄여 먹으면 된다고 생각하면, 탄수화물 함량이 낮은 가공식품의 섭취를 허용하는 문제가 발생합니다. 햄, 베이컨 같은 가공육이 그런 식품이죠. 가공육은 탄수화물은 낮지만 WHO에서 1급 발암물질로 지정할 정도로 건강에 해롭습니다. 가공육을 보기 좋은 빨간색으로 만들어주는 아질산나트륨Sodium nitrite이 단백질 식품 속에서 열과 만나면 발암물질로 변질되기 때문입니다.

가공육의 문제는 이뿐만이 아닙니다. 일단 고기의 질이 아주 고약합니다. 제가 두드러지게 강조하는 것은 '식재료 그 자체의 건강'입니다. 우리 아이들이 먹는 음식이 건강해야 아이 몸에서 건강한 역할을 하는데, 가공육의 저렴한 가격에 맞추려면 도저히 좋은 고기를 사용할 수가 없지요. 그래서인지 요즘은 '무항생제'를 강조한 가공육 제품들이 눈에 띄는데, 그렇다고 문제가 다 사라지는 것은 아닙니다. 여전히 당분, 전분, 인공향료, 인산 등의 식품첨가물이 덕지덕지 붙어 있기 때문이지요.

가공육은 고기가 아닙니다. 고기 맛이 나는 가공식품일 뿐입니다. 아이들의 입으로 들어가 자극적인 입맛에 길들이고, 몸으로 들어가 발암 가능성을 높이고, 인슐린을 지독하게 자극하고, 온갖 식품첨가물로 몸을 오염시킵니다.

하지만 아주 방법이 없는 것은 아닙니다. 시중에 첨가물을 빼고 건강한 고기로 만든 가공육이 판매되기 시작했거든요. 가공육의 문제를 인식하고 좋은 제품을 구매하고자 하는 사람들의 수요가 생기자 이런 고마운 제품들도 하나둘씩 생겨나고 있습니다.

TIP 구운 고기를 자주 먹여도 되나요?

질 좋은 동물성 식품으로 요리하기 위해서는 '당독소'라는 개념을 알아야 합니다. 당독소의 정식 명칭은 AGEs^{Advanced Glycation End-products}로, 우리말로 바꾸면 '최종당화산물'이 됩니다. 어렵게 생각할 것은 없고, 어떤 물질이 당과 결합하여 원래의 기능을 잃어버린 것으로 이해하면 됩니다.

당분은 입자가 크고 끈적하여 단백질, 지방, 핵산 등에 결합하기 쉽습니다. 당이 달라붙으면 변형된 물질들이 원래의 기능을 잃고 체내에서 많은 문제를 일으키고 다닙니다. 혈관 내벽에 손상을 입혀 장기적으로는 동맥경화를 일으키기도 하고, 심장 질환과 뇌졸중을 유발하기도 합니다. 또 신경세포를 손상시키거나 염증을 일으켜 신경퇴행성질환이 발병하기도 합니다. 그래서 저는 이 물질을 두고 '깡패'라고 부릅니다.

그런데 이 깡패 같은 녀석이 고기를 구울 때 많이 만들어진다는 소문이 퍼지면서 엄마들 사이에서 "아이에게 고기는 구워 먹이면 안 된다."는 인식이 퍼지게 되었습니다. 이 말은 사실일까요?

우선 고기를 구우면 당독소가 발생하는 것은 맞습니다. 그런데 이는 고기에만 해당되는 것이 아닙니다. 어떤 음식이든 굽고, 튀기고, 볶으면 당독소가 발생합니다. 따라서 "고기를 구워 먹으면 위험하다."고 말할 것이 아니라 "어떤 음식이든 고온에 굽거나 볶고 튀기면 당독소가 발생한다."라고 표현해야 맞습니다.

우주 식단을 보면 굽거나 볶더라도 고온에 조리하지 않는데요. 당독소 때문입니다. 연기가 펄펄 날 정도의 튀김이나 볶음, 에어프라이어 조리 등은 당독소가 발생하는 주요 원천입니다. 어떤 음식이든 중불 이상으로 올리지 말고 너무 오래 조리하지 않도록 주의하세요. 또한 매일 굽고 볶는 요리만 하기보다 삶거나 끓이는 요리, 인스턴트팟 등의 슬로우쿠커를 이용한 저온 요리, 압력솥을 이용해 단시간에 만드는 요리 등 다양한 조리법을 활용하는 것이 당독소 생성을 줄이는 방법입니다.

그런데 한 가지 정말 중요한 것은 말이지요. 조리할 때 발생하는 '외인성 당독소'보다 훨씬 치명적인 '내인성 당독소'에 관한 이야기입니다. 내인성 당독소란 체내에서 발생하는 당독소를 말합니다. 고혈당 상태, 산화 스트레스가 높은 상태일 때 몸 안에서 많이 만들어지는데, 외인성 당독소보다 더 많은 건강 문제를 일으킬 수 있습니다. 아무리 당독소를 신경 써서 요리한다고 해도 몸에서 고혈당 상태를 일으키는 고탄수화물 식사를 하거나 몸에서 산화 스트레스를 일으키는 요인들, 즉 환경 독소, 중금속, 담배 연기, 알코올, 고당분 식사, 가공식품, 수면 부족, 과도한 약물 섭취 등을 조절하지 않는다면 몸 안에서 끊임없이 당독소가 발생할 수 있습니다.

　　따라서 건강 문제는 결코 단순하게 생각할 수 없습니다. 당독소가 걱정된다고 음식을 구워 먹지 말아야겠다고 생각할 게 아니라, 식습관과 생활습관을 좀 더 신경 쓰고 주위 환경을 깨끗하게 유지하려는 기본적인 태도가 훨씬 중요합니다.

우유 안 마셔도
마음 졸일 필요 없어요

낡은 상식 중에서 정말 깨기 어려운 것이 아이 성장에 우유가 꼭 필요하다는 점입니다. 영유아검진에서 아이의 키가 평균에서 조금만 미달되어도 우유를 더 열심히 먹여야겠다는 생각을 하게 되지요. 우유는 정말 아이들에게 좋은 것일까요?

우유는 소에게서 얻습니다. 그러므로 소의 건강을 생각해보면 우유가 건강한 식품인지 가름할 수 있습니다. 하지만 우리가 마트에서 만나는 우유는 대부분 공장식 축산 농장에서 자란 건강하지 않은 소에게서 얻습니다. 그래서 우유도 건강한 식품이 아닙니다. 소의 체내에 쌓인 독소와 소에 주사된 항생물질, 성장호르몬 등의 문제가 우유에 고스란히 녹아 있지요.

또 하나의 문제는 살균입니다. 살균하지 않은 우유에는 송아지가 건강하게 소화하고 면역을 강화할 수 있는 좋은 성분들이 가득 들었습니다. 유해균을 사멸시키는 소화효소, 면역 기능을 강화해주는 당단백질, 장을 건강하게 만들어주는 다양한 유산균 등이 있죠. 그러나 살균 과정을 거치면 이런 성분들이 파괴됩니다. 살균으로 박테리아만 죽이는 게 아니라 우유의 '안전장치'가 사라져버리는 것입니다.[13] 누군가가 "저는 감염에 대한 잠재적 위험성이 있을지 모르니 모유를 살균해서 먹이겠어요."라고 의문을 제기한다면 어떨까요? 이걸 실제로 연구한 논문이 있습니다. 저온살균 모유와 조제분유 보충제의 효과에 대한 무작위 대조 시험에서 모유를 30분 저온살균(약 62℃)했더니 감염에 대한 보호 효과가 크게 감소했습니다.[14]

다시 우유 이야기로 돌아갑시다. 건강한 소에게서 얻은, 살균하지 않은 우유는 원래 건강한 식품이 맞습니다. 그러나 살균해서 변성된 우유는 득보다 실이 많습니다. 그런데도 굳이 우리 아이들에게 살균 우유나 멸균 우유를 먹여야 할까요? 지금 당장 알레르기 증상이 없다고 해서 마음껏 먹여도 되는 것일까요?

"그래도 칼슘을 보충하려면 우유는 먹여야 하는 거 아녜요? 우유 끊었다가 영양분 부족해질까 봐 겁나요. 유기농이나 초지 방목한 소의 젖을 먹이면 되잖아요."

칼슘 때문에 우유를 먹이는 거라면 다시 생각해보는 것이 좋겠습니다. '여성과 남성의 우유 섭취와 사망 및 골절 위험 코호트 연구'에서 남녀 모두 우유 섭취량이 많을수록 사망률과 골절률이 높아지고 산화 스트레스 및 염증성 바이오마커 수치가 높아지는 것을 확인했기 때문입니다.[11] 뼈 튼튼해지고 키 크라고 먹였는데 골절률이 높아진다면, 칼슘 급원으로써의 우유의 역할에 대해 다시 생각해봐야 하지 않을까요?

게다가 우유의 칼슘 함량은 생각보다 높지 않고, 흡수율도 좋지 않습니다.[15] 우유를 먹고 아이들의 키가 자라는 것은 칼슘이 뼈를 건강하게 해주어서가 아니라, 우유에 든 높은 수치의 IGF^{Insulin-like Growth Factor}라는 성장인자 때문입니다. 이 성장인자가 우유에 많은 이유는 소를 빠르게 자라게 하기 위해서지요. 하지만 모유에는 그렇게 많은 IGF가 들어있지 않습니다. 적합하지 않으니까요. 단순한 논리입니다만 소젖은 소에게 적합하고, 양젖은 양에게 적합하게 디자인되었습니다. 인간에게 적합한 것은? 당연히 모유지요. 우리 아이들이 젖을 먹어야 한다면 그것은 우유가 아니라 모유입니다.

칼슘은 브로콜리, 시금치, 상추, 케일, 깻잎 등의 푸른잎채소와 멸치 같은 자연식품으로 충분히 얻을 수 있으니 식단에 변화를 주면 됩니다. 특히 뼈 성장에는 비타민D가 아주 중요한 역할을 하니 햇볕을 자주 쬐고 영양제로 보충해주면 충분합니다. 그래도 꼭 우유를 먹여야겠다면, 최소한 초지 방목한 소에게서 얻은 유기농 우유나 유기농 산양유를 간식으로 가끔 주세요. 비살균 우유의 유통이 불법인 대한민국에서 살균 문제를 피할 수는 없겠지만, 적어도 소의 건강은 보장되는 것으로 고르세요.

또한 꼭 무언가를 마시게 해야 한다는 선입견을 버려보세요. 모유나 분유를 끊을 때 목초유나 산양유 등으로 갈아타되 서서히 줄여나가는 형식으로 주면 우유는 한두 달 안에 끊을 수 있습니다. 동물도 때가 되면 젖을 뗍니다. 인간만이 나이를 먹고 성인이 되어도 젖을, 그것도 '남의 젖'을 먹습니다. 맛있어서 간식으로 종종 먹는 정도라면 큰 문제가 되지 않겠지만 공장식 축산으로 만들어진 우유를 매일 챙겨 먹는 것은 건강에 좋지 않습니다.

지인으로부터 얻은 육아 팁인데요. 우유 대신 사골국에 약간의 소금을 타서 아이에게 주면 좋습니다. 아이를 기관에 등원시킬 때 사골을 조금 보내 다른 아이들이 우유를 마실 때 사골을 먹게 한다고 합니다(물론 기관의 허락을 받고요). 색깔이 비슷하니 나만 다른 것을 먹는다며 속상해할 일도 없고, 동시에 장에도 좋고 성장에도 좋은 사골을 마시니 이보다 좋을 수는 없지요.

그렇다면 우유에서 온 '유제품'은 어떨까?

결론부터 말하자면 '상황에 따라 다르다.'입니다. 유제품은 장 건강과 밀접한 연관이 있습니다. 장 건강의 붕괴는 도미노처럼 우리 신체의 모든 부분을 연쇄적으로 붕괴시키기 때문에 장 건강을 지키기 위한 노력은 정말 중요한데요. 잦은 유제품의 섭취는 장에서 염증을 일으킬 수 있습니다. 아이마다 차이는 있겠지만 유제품에 민감한 아이라면 장이 입는 피해는 훨씬 크겠지요. 장누수증후군이라는 병명을 들어봤을 겁니다. 쉽게 설명하자면, 장은 우리 아이들이 먹은 음식을 소화시켜 몸에 꼭 필요한 것은 흡수하고 절대로 들어가면 안 되는 것은 막아주는 역할을 하는 최전방입니다. 여기서 장내 미생물들이 국경수

비대 역할을 해서 아군은 몸 안으로 들이고 적군은 그대로 쭉 내려보내 대변 형태로 배출시키죠.

그런데 여러 가지 이유로 장내 미생물의 균형이 깨지고 장벽이 느슨해지면 그 틈으로 적군들이 흡수됩니다. 마치 수비대원이 부족하고 철창 여기저기가 부서진 최전방처럼 말이죠. 이렇게 느슨해진 장벽으로 병원균, 박테리아, 알레르기를 일으키는 음식 단백질 등이 마구 들어오게 되는 것이 장누수증후군입니다. 망가진 장벽을 통해 적군이 들어오면 우리 몸의 면역세포는 일제히 적군을 사격하려고 몰려듭니다. 한바탕 작은 전쟁이 일어나면 이 과정에서 염증이 발생합니다. 이런 일이 일시적으로 벌어진다면 괜찮습니다. 어쩌다 한 번씩 적군이 들어오면 오히려 우리 몸은 '아, 여기에 문제가 발생했고 적군이 들어오기 시작했네. 더 강한 방어선을 구축해야지!' 하며 면역체계를 더욱 강화하지요. 하지만 이 일이 끼니마다, 그리고 장기간 발생한다면 어떻게 될까요?

쏟아져 들어오는 적군이 너무 많은데 처리할 수 있는 병력은 부족하고, 방어하지 못한 적군이 온몸을 돌아다니며 문제를 일으킵니다. 이보다 더한 문제가 있으니, 나중에는 면역세포가 적군과 아군을 구별하지 못하게 되는 상황에 이릅니다. 적군만 죽여야 하는데 구분을 못해 전부 다 죽이는 것이지요. 이렇게 적과 나를 구분하지 못해 나를 공격하게 되는 것이 바로 '자가면역질환'입니다. 자가면역질환은 그 종류가 무척 다양한데, 공통된 증상으로 피로, 피부질환, 수면장애, 우울감 등이 있습니다. 중요한 것은 유제품이 장누수증후군의 강력한 원인 중 하나라는 점입니다.

아이마다 차이는 있겠지만 유제품은 우유와 마찬가지로 장내 환경을 바꾸고 염증을 일으킬 수도 있습니다. 소화력이 약하고 면역력이 저하되어 있는 아이라면 유제품은 최소화해주는 것이 좋습니다. 실제로 유제품을 끊고 아토피 등의 면역반응이 현저히 줄었다는 경험담이 넘쳐납니다. 장이 튼튼하고 소화에 문제가 없으며 감기나 장염에 잘 걸리지 않고 피부에 과민 반응도 없는 아이라면 목초우 요거트나 자연치즈를 종종 먹이는 것은 괜찮습니다.

"단백질이 중요한 건 알겠는데, 아이가 고기를 먹지 않아요."

열심히 고기를 챙겨 먹여야겠다고 다짐했을 텐데, 아이가 고기를 먹지 않는다고요? 줄여야 한다는 흰쌀밥만 좋아하고 도무지 고기를 안 먹는 아이들이 있습니다. 아무리 잘게 갈아줘도 귀신같이 뱉어내지요. 제가 어렸을 때 그랬습니다. 형편이 좋지 않아 고기를 잘 먹을 수도 없었지만 고기 먹는 걸 유독 불편해하고 많이 뱉어냈다고 해요. 고기를 먹으면 속이 불편했거든요. 위장 기능이 좋지 않으면 고기가 소화되지 않아 속이 불편할 수밖에 없습니다. 저는 어렸을 때 배에 가스가 너무 많이 차서 배가 찢어질 듯이 아프다는 느낌을 자주 받았어요. 방귀를 뀌어도 가스는 줄어들 줄 모르고, 누워도 아프고, 앉아도 아프니 짜증이 나서 울기도 많이 울었지요. 고기도 잘 소화하지 못했지만 전반적으로 위장 기능이 좋지 않아 어떤 음식을 먹어도 불편했습니다.

위장 기능에 문제가 생기는 데는 여러 이유가 있습니다. 유전적인 문제일 수도 있고, 임신 때 엄마의 영양 섭취에 문제가 있었거나 아이가 생후에 필요한 영양을 충분히 공급받지 못해서일 수도 있습니다.

가장 좋은 방법은 모발 영양 중금속 검사입니다. 앞서 이 검사를 통해 현재 아이의 몸에 꼭 필요한 주요 미네랄들이 적당하게 있는지, 무언가 과하거나 부족한 것은 없는지, 미네랄 간의 균형은 어떤지를 확인할 수 있다고 했습니다. 아이가 왜 위장 기능이 약해져 있는지, 면역력이 충분한지, 성장 발달에 필요한 요소들은 잘 갖춰져 있는지 등을 자세하게 알 수 있지요. 엄마는 편식하는 아이의 불편을 이해하고 그 불편을 없애주면 됩니다. 그렇게 아이의 위장을 건강하게 만들어주었더니 고기를 잘 먹기 시작했다는 아이들을 많이 보았습니다. 제가 2부에서 고기를 뱉어내는 아이들도 잘 먹을 수 있는 다양한 고기 레시피들을 소개하니 한번 만들어보세요.

아이마다 몸 상태가 다 다르기 때문에, 고기를 안 먹는다고 단백질 음료나 파우더로 대체하면 곤란합니다. 다른 아이에게는 좋다는 그 제품이 우리 아이에게는 독이 될 수 있거든요. 만약 아이의 단백질 섭취가 부족해질까 걱정된다면 단백질 음료나 파우더의 원재료를 꼼꼼히 따져보세요. 내 아이 입으로 뭐가 들어가고 있는지 알고 먹이는 것과 모르고 먹이는 것은 장기적으로 큰 차이를 만듭니다.

버터는 듬뿍 발라주고
먹여야 합니다

마가린이 나쁜 거 모르는 분은 없으리라 생각해요. 안셀 키스가 포화지방을 악마로 낙인 찍으면서 세상에 등장한 것이 바로 마가린이랍니다. 마가린 하면 떠오르는 이름이 바로 트랜스지방이지요. 저는 가공된 트랜스지방을 목숨 걸고 피하라고 말합니다. 아이들이 즐겨 먹는 가공식품에 '식물성 유지'와 같이 보기에는 썩 괜찮아 보이는 이름을 하고 첨가되어 있어요. 튀김 요리에도 트랜스지방이 많이 들어 있습니다. 과자나 튀김 좀 먹는다고 애가 잘못되느냐고 말하는 분들을 종종 보는데, 아동 ADHD의 원인 중 하나인 트랜스지방은 성인 우울증과 치매에도 관여합니다. 세포를 망가뜨리고 염증을 유발하기 때문이에요. 절대로 가볍게 여길 일이 아닙니다. 그렇다고 과자와 튀김을 안 줄 수도 없을 텐데, 어떻게 해야 할까요?

밖에서 먹는 건 어쩔 수 없다고 하더라도 가정에서는 최선을 다

해 신경 써주는 수밖에 없습니다. 어린이집, 유치원, 학원, 학교, 친구 네 집에서 트랜스지방을 먹을 일이 넘쳐나니까요. 또한 처음부터 아이의 입맛을 잘 길들여놓는 것도 중요합니다. 질 좋은 식재료와 건강한 지방에 일찍부터 맛들인 아이들은 가짜 지방과 가짜 음식의 맛에 그렇게 쉽게 중독되지 않거든요. 이것은 제 경험이기도 하고, 먼저 건강하게 아이를 키운 선배들의 경험이기도 합니다.

저는 포화지방 예찬론자라고 불러도 좋을 만큼 포화지방을 좋아하고 우주에게도 많이 먹입니다. 매우 안정적이고 안전한 기름이기 때문이지요. 건강한 소에게서 얻은 천연버터, 기버터는 저희 집에서 없어서는 안 되는 가장 중요한 기름이에요. 저와 신랑은 매일 아침 천연버터를 넣은 커피를 마시고, 남편이 만든 밀가루-프리 빵에 가염버터를 끼워서 먹기도 합니다. 우주에게는 기버터를 발라서 간식으로 주기도 하고요. 목초 비프칩에 무염버터를 얹으면 어른에게도 아이에게도 정말 좋은 간식입니다. 고기를 구워서 나온 기름에는 채소를 잔뜩 썰어 넣고 볶아 먹습니다. 우주가 제일 좋아하는 음식이기도 하지요.

저와 신랑은 우주가 건강한 맛에 길들 수 있도록 좋은 지방을 넣은 간식을 직접 만듭니다. 가공 과정을 최소화한 식재료로 만든 간식을 우주는 정말 맛있게 먹습니다. 엄마로서 가장 뿌듯한 순간 중 하나지요.

TIP   우리 아이를 위한 최강의 버터 사용법

천연버터는 우유나 유크림이 원료입니다. 발효 과정을 거치며 거의 지방만 남아 다양한 지방산과 지용성 비타민의 좋은 급원이 됩니다. 인공향료, 색소, 식물성 기름 같은 가공 첨가물을 넣지 않습니다. 크게 무염버터와 가염버터로 나뉩니다.

비프칩과 같이 짭짤한 맛이 가미되어 있는 간식과 함께 먹일 때는 무염버터를, 추가로 간이 필요한 요리에 넣거나 무염, 밀가루-프리 빵에 끼워줄 때는 가염버터를 사용하면 됩니다.

버터를 한 번 더 정제한 기버터는 발연점이 높아 식용유의 대용으로 안성맞춤입니다. 게다가 천연버터에 소량 남아있을 수 있는 유청단백질과 유당까지 모두 제거되었으므로 아이가 유제품 알레르기가 있어 걱정이라면 기버터를 선택하는 것이 좋습니다. 상온에서 말랑말랑한 상태로 만들어 무가당 유기농 코코아가루와 약간의 천연감미료를 넣어 초코 스프레드를 만들 수도 있고, 밀가루-프리 빵을 구워 토스트로 먹을 때 듬뿍 발라도 좋습니다. 버터를 사용한 자세한 레시피는 2부에서 소개하겠습니다.

아이 영양제와
건강보조식품의 모든 것

"저희 아기는 면역력이 약해서인지 감기랑 장염을 달고 살아요. 좋다는 면역 젤리 다 사서 먹여봤는데 소용없네요. 어떻게 하면 좋을까요?" 솔직히 이런 질문을 받기 전까지 저는 면역 젤리라는 것이 무엇인지 몰랐습니다. 강한 면역력은 튼튼한 장에서 비롯되기에, 장 건강에 좋지 않은 음식을 빼주고 반대로 장을 튼튼하게 해주는 음식을 챙겨주면 그만이니 그런 것이 필요하다고 생각하지도 못했지요.

질문이 많아지기에 검색해보았습니다. 말문이 막혔습니다. 매일 한 포씩 먹이라는 제품에는 무수한 당분과 식품첨가물이 들어 있었습니다. 어떤 면역 젤리는 유명한 박사님이 어린이를 위해 체계적으로 성분 함량을 설계하고 배합했다고 합니다. 살펴보니 과당과 포도당, 향료 등이 첨가물로 들어가 있습니다. 하지만 엄마들은 대부분 원재료 함량이 아니라 박사님의 얼굴을 보고, 믿고, 제품을 구매합니다. 이런 젤리들에는 영양제에 어쩔 수 없이 들어가야 하는 최소한의 식품첨가물을 제외하고도, 아이들의 장과 간에 무리를 주어 결과적으로는 면역력 증진에 도움이 되지 않는 첨가물들이 매우 많습니다. 간을 괴롭히고 인슐린저항성의 원인이 될 수 있는 과일 농축액, 과다 섭취 시 장에 영향을 줄 수 있는 검류Gums, 식품공업에서 유화제, 안정제, 점착제, 결합제 등으로 이용되는 혼종 다당류와 원재료도 알 수 없는 향료들, 심지어 빙초산까지 들어 있기도 합니다.

어떤 제품은 젤리 하나만 먹으면 하루에 필요한 채소의 영양을 모두 섭취할 수 있다고 광고하는데, 원재료명을 보니 말티톨Maltitol 시럽이 80%에 달하는 제품이었습니다. 제품의 콘셉트인 '채소'는 없고, 말티톨이 거의 대부분인 데다 산도조절제, 향료, 식용유지가공품, 유화제, 착색료도 들었습니다. 채소의 하루 필요량을 다 넣었다는 '채소 혼합 농축액'은 함량조차 기재되어 있지 않습니다. 미국의 기능의학 의사인 에릭 버그Eric Berg는 "말티톨은 내가 알고 있는 최악의 당알코올이다."라고 말하며, 말티톨의 절반이 포도당이고 혈당지수도 제법 높다고 설명합니다.

설탕에 대한 인식이 나쁘다 보니 대용으로 당알코올을 많이 사용합니다. 말티톨도 당알코올이죠. 솔비톨Sorbitol, 만니톨Mannitol, 자일리톨Xylitol 등 대체로 뒤에 '-톨tol'이 붙은 것이 당알코올입니다. 당알코올은 과량 섭취 시 복통과 설사를 유발할 수 있습니다. 무슨 말일까요? 장에 좋지 않다는 뜻이지요. 설탕 대신 넣었으니 '무설탕'이라고 표현할 수 있겠지만 말티톨은 설탕만큼은 아니어도 혈당을 자극하고 입에 단맛이 들게 하는 감미료입니다. 당연히 피해야지요.

단맛은 올려주고 칼로리는 낮추는 인공감미료?!

아이들 영양제에서 당알코올 문제는 애교 수준이고, 더 심각한 문제가 있으니 바로 인공감미료입니다. 아스파탐Aspartame, 아세설팜칼륨, 수크랄로스 같은 물질이죠. 아스파탐은 언제부턴가 좋지 않다는 인식이 생기면서 식품업계에서 외면당하고 있는 데다 최근 WHO에서 2급 발암 물질로 분류하면서 시장에 더욱 발을 못 붙이게 되었습니다. 그러나 아세설팜칼륨과 수크랄로스는 아닙니다. 설탕과 비교하여 수백 배 단맛을 가진 이 물질들은 제로 콜라와 같은 음료수와 여러 간식류에 광범위하게 쓰이고 아이들의 영양제에도 두루 쓰이고 있습니다. 혈당을 올리지 않아 살찌우지 않고 인체에 미치는 영향이 미미하다는 이유에서지요. 하지만 '인공'이라는 말에 주목해야 합니다. 우리의 몸에 인공감미료는 어떻게 처리해야 할지 알 수 없는 미지의 물질이고, 이런 물질이 자주 들어올 때 우리 몸이 어떻게 되는지는 더 많은 시간이 지나야 알 수 있습니다. 지금 당장 아무 문제가 없다고 해서 정말 괜찮다고 말할 수 있는 것은 아니라는 뜻입니다.

영양제나 건강보조식품 마케팅이 소비자를 현혹하는 방식 중 가장 문제가 되는 것은, 식사를 잘 못 챙겨도 이런 제품만 잘 챙기면 아이 몸이 건강해질 거라고 믿게 만든다는 점입니다. 하지만 조금만 냉정하게 생각해보세요. 설탕, 과당, 밀가루, 식물성 기름이 많은 식사를 하면서 영양제만 잘 챙기면 정말로 면역력이 올라가고 키가 쑥쑥 클까요? 아이 성장에 반드시 필요한 동물성 단백질과 지방을 부족하게 먹이면서 영양제를 몇 가지 먹인다고 아이 몸에 필요한 영양이 전부

채워질까요? 백번 양보해 약간의 도움이 된다고 하더라도 영양분보다 첨가물이 더 많은 제품으로는 득보다 실이 훨씬 많을 것입니다.

음식을 이길 수 있는 영양제는 이 세상에 없습니다. 좋은 음식은 필수조건이고, 영양제는 도움을 줄 뿐입니다. 정리해보겠습니다. 아이 영양제를 고를 때는 모발검사를 통해 아이에게 무엇이 부족하고 무엇이 과한지 먼저 확인해주세요. 영양제를 고를 때는 과당, 과즙 농축액, 설탕, 포도당, 말티톨, 수크랄로스, 아세설팜칼륨 등 감미료가 과하게 들어가지 않았는지 확인하고, 인공향료, 검류, 색소 등의 식품첨가물도 반드시 최소화된 것으로 선택해야 합니다.

그리고 무엇보다 중요한 것은 식단에서 빼야 할 음식을 빼지 않고, 식단에 넣어야 할 음식을 넣지 않고는 영양제는 아무 도움도 되지 않는다는 것입니다.

PART 2

365일 아프지 않고
잘 크는 면역 밥상

Chapter 3 .

No 흰쌀, No 밀가루, No 설탕
유아식 가이드

이것만 알면
누구나 요리할 수 있어요!

"질 좋은 지방과 단백질, 신선한 채소를 늘려야 한다는 건 잘 알겠어요. 하지만 어떻게 요리해야 할지 감이 안 잡혀요!"

엄마들로부터 많이 듣는 말입니다. 제가 소개하는 우주 식단은 우리가 알던 유아식 레시피와 다르고 낯설다 보니 어디서부터 시작해야 할지 갈피를 못 잡겠다고 합니다. 걱정하지 마세요. 레시피를 준비했으니까요.

본격적으로 레시피를 알려드리기 전에 꼭 버렸으면 하는 선입견부터 말씀드릴게요. 한국식 유아식은 보통 '식판식'이라고 해서 밥, 국, 서너 가지 반찬으로 이루어지는데요. 밥과 국을 주된 요리로 하고 반찬을 곁들이는 전통 밥상이 아이 식판에 재현된 것이죠.

곡물 섭취량을 획기적으로 줄이는 우주네 유아식은 보통 원플레이트 요리가 주를 이룹니다. 한 가지 메인 요리를 먹거나 여기에 한두 가지 사이드 메뉴를 곁들이기도 하지요. 이렇게 만들어 먹는 데는 2가지 이유가 있습니다.

저는 아이에게 식사를 차려주고 엄마, 아빠는 따로 먹거나 다른 음식을 먹는 것이 아이에게 자연스러운 식습관을 교육하는 데 방해된다고 생각합니다. 가족의 식사 시간은 아이가 식문화를 학습할 절호의 기회니까요. 유아식으로 넘어오고 나서도 아이가 계속해서 엄마, 아빠와 다른 음식을 먹는다면 어떨까요? 아이에게 어떤 것이 '좋은 것'인지 가르쳐줄 수 있는 제일 좋은 방법은 부모가 먼저 행동으로 보여주는 것입니다. 부모가 맛있게 먹는 음식을 아이는 자연스럽게 좋아하게 됩니다.

아이에게 어떻게 하면 질 좋은 음식이 자연스럽고 맛있는 음식인지 가르칠 수 있을까 고민하다가 우주에게 만들어주는 음식을 저희 부부도 같이 먹으면 되겠다는 결론에 이르렀습니다. '우주야, 우리 가족은 다 같은 걸 먹어.'라는 걸 몸소 보여주어 자연스럽게 학습시키고 싶었습니다. 그리하여 우리 가족은 하루에 최소 2번, 바쁠 때는 한 끼라도 한 그릇 요리를 만들어 나누어 먹습니다.

두 번째 이유는 편리함 때문입니다. 밥과 국에 반찬도 서너 가지를 하려면 손이 정말 많이 갑니다. 바쁜 엄마들이 매번 여러 가지를 요리하기가 쉬운 일이 아니지요. 하지만 원플레이트 요리를 하면 영양분도 충족시켜주면서 엄마도 좀 더 손쉽게 아이 밥상을 차려줄 수 있습니다. 한 번 만들 때 많은 양을 만들어두면, 남은 것을 다음 끼니에 사이드로 내놓을 수 있고요.

그러니 꼭 여러 가지 찬을 해주어야 한다는 선입견을 내려놓으세요. 우주 식단은 한 그릇에 모든 필수 영양을 듬뿍 담고 있습니다. 저염이 아니라 부모가 함께 먹어도 맛있고요. 무엇보다 이 식단을 지속하면 면역력이 강화됩니다. 엄마의 한 그릇이 곧 보약이라는 사실을 기억하세요!

이런 조리 도구를 추천합니다

1. 프라이팬

가급적 스테인리스 제품을 사용하세요. 스테인리스 제품은 반드시 연마제를 제거해야 합니다. 그런데 최근에 연마제를 안 쓰고 만든 스텐 팬이 나와 사용하고 있습니다. 제품명은 '스테니'입니다.

보관과 관리에 자신이 있다면 무쇠 팬은 좋은 선택이지만, 집안일이 많은 엄마들에게 크게 추천하지는 않아요.

잘 들러붙는 요리에 사용하기 위해 코팅 팬도 구비해두면 좋습니다. 다만, 세라믹 코팅이든 테프론 코팅이든 완벽하지 않으니 흠집 나지 않도록 주의해서 사용하고, 자주 교체하여 사용하기를 추천합니다.

2. 웍

우주 식단에는 볶는 요리가 많다 보니 내용물이 바깥으로 튀는 경우가 많아 웍을 사용하고 있습니다. 저는 테프론 코팅이 된 제품을 사용하는데, 테프론에도 등급이 있으니 잘 보고 구매하세요. 가장 낮은 등급인 '클래식'부터 최고 등급인 '플래티넘 플러스'까지 있는데요.

듀폰Dupont 사의 테프론 등급 설명에 의하면 플래티넘 플러스 등급이 금속 도구로 인한 긁힘을 방지하기 위해 강한 내구성을 가졌다고 합니다. 그렇다고 마구 긁으면서 사용해도 되는 것은 아니겠지요. 강한 내구성으로 유명한 팬이라도 코팅 팬은 주기적으로 교체해야 합니다. 제가 사용하는 제품은 이케아Ikea 제품으로, 테프론 코팅이 된 웍입니다.

3. 냄비

저는 대부분의 냄비를 스테인리스 제품으로 이용하고 있습니다. 넓고 얕은 전골냄비, 좁고 작은 소스 냄비, 덜어서 데울 때 사용하는 작은 냄비 등이 있습니다. 테팔Tefal, 라리사Lalissa, 휘슬러Fissler 등 다양한 브랜드의 제품을 사용하고 있습니다. 또한 스테인리스는 아니지만 사용이 간편하고 범용으로 사용하기 좋은 써니지벤도 종종 이용하고 있습니다.

4. 다양한 크기의 통원목 도마

코팅이나 화학물질 처리를 하지 않은 통원목 도마를 사이즈별로 구비하여 사용하고 있습니다. 가급적 용도를 구분하여 사용하면 좋습니다. 고기 전용, 채소 전용, 플레이팅용 등으로 나누면 관리하기도 쉽고 위생적입니다.
제가 사용하고 있는 도마는 '르메이드Le made(구 카카두)' 제품입니다. 따로 관리하지 않았는데도 6년이 지나서야 금이 생길 정도로 내구성이 좋습니다. 디자인이 아름다운 건 덤이고요.

5. 압력솥

곤약 잡곡밥을 짓거나 수육, 찜 요리 등을 할 때 유용합니다.

6. 슬로우쿠커

조리 시간을 조금이라도 절약하려면 필수템입니다. 식재료를 다 넣고 버튼만 누르면 몇 시간 뒤 요리가 완성되니까요. 낮은 온도로 오랫동안 조리하여 영양소 파괴가 적어진다는 크나큰 장점도 있습니다. 수육, 찜, 탕, 조림 등을 할 때 다양하게 활용할 수 있습니다.
제가 사용하는 제품은 '인스턴트팟Instantpot' 제품으로, 내솥이 스테인리스로 된 모델을 선택하기 바랍니다. 다만 닦아도 계속해서 나오는 연마제 때문에 연마제 제거 작업이 꽤 걸립니다.
'오쿠Ocoo'라는 제품도 추천하는데요. 특이하게도 내솥이 도자기로 되어 있습니다. 온갖 재료를 오쿠에 넣고 버튼만 누르고 자면, 그다음 날 따끈한 음식을 줄 수 있어 편리합니다. 물론 인스턴트팟으로도 만들 수 있습니다. 두 제품의 기능을 비교해보고 마음에 드는 걸로 구매하세요.

7. 핸드블렌더, 파워블렌더

이른바 '도깨비방망이'라고 불리는 핸드블렌더는 이유식부터 유아식까지 요리 만능템입니다. 스프, 퓨레, 채소 주스, 수제 마요네즈, 페스토 등을 만들 때 요긴하게 사용합니다. 테팔이나 브라운Brown 등 다양한 브랜드가 있는데, 성능은 비슷하니 마음에 드는 디자인으로 골라보세요.

핸드블렌더와 달리 파워블렌더는 브랜드, 모델마다 성능이 제각각입니다. 처음부터 성능이 아주 좋은 것을 고르기를 추천합니다. 돈 아껴보려고 이것저것 사용하다가 시원찮은 성능에 실망하고 결국은 좋은 제품에 돈을 또 들여야 했던 아픈 경험이 있거든요. 저는 '비앙코디푸로Bianco Di Puro'의 초고속 진공 블렌더 '볼토' 제품을 이용하고 있습니다.

8. 유청분리기

저는 수제 요거트를 만들어서 우주에게 매일 먹이기 때문에 유청분리기는 필수 조리 도구입니다. 다양한 제품이 있지만 제품마다 기능에 큰 차이가 없으니 제품 소개를 보고 마음에 드는 것을 고르면 됩니다. 제가 사용하는 것은 실버스타Silverstar 사의 '다므니' 제품입니다.

9. 식품건조기

제가 추천하는 간식 중에서 엄마들이 가장 뜨겁게 반응하는 것이 바로 비프칩인데요. 건강하게 자란 목초우를 얇게 슬라이스 하여 저온에서 건조한 간식입니다. 건강에도 좋고, 맛도 좋고요. 문제는 이렇게 품질과 맛이 좋은 비프칩을 구매하려면 가격이 만만치 않습니다. 그래서 저는 식품건조기를 구비해놓고 비프칩이나 육포를 직접 만들어서 먹이기도 합니다.

저는 '리큅Lequip' 사의 5단 미니 식품건조기를 사용하고 있습니다. 섬세한 온도 조절이 가능해서 코코넛 크림 요거트를 제조할 때도 사용합니다. 저는 프로바이오틱스를 영양제로 사서 먹이지 않고, 원하는 미생물 종만 배합하여 요거트로 발효해서 먹이고 있습니다. 훌륭한 간식이 되는 것은 물론 아이의 장 건강까지 살려주니 이보다 좋은 음식이 없지요. 저는 비프칩, 육포, 요거트를 자주 만드므로 온도 조절이 가능한 식품건조기를 구비해두었습니다.

10. 기타 조리 도구

손잡이가 긴 뒤집개, 볶음스푼, 스패츌러, 국자, 브러쉬, 머들러, 미니거품기 등의 조리 도구는 필수입니다. 어떤 브랜드를 사용해도 무방하지만 플라스틱은 피하고, 실리콘 제품은 플래티넘 등급에 다른 화학물질이 섞이지 않은 것으로 신중하게 선택하세요. 스테인리스 제품도 좋지만 냄비나 팬에 흠집을 낼 수 있어 조리 시 주의가 필요합니다. 저는 원목을 선호하고 브랜드는 가리지 않아요. 다만 뒤집개는 르메이드 제품을 오랫동안 사용하고 있습니다.

11. 만능다지기

소화 기능이 약하거나 잘 씹지 못하는 아이들은 고기나 채소들을 잘게 다져주는 것이 좋습니다. 이때 만능다지기를 이용하면 수월하지요. 저는 셰프라인Chef line 제품을 사용하고 있습니다.

13. 핸드믹서

홈베이킹 할 때 반죽이나 휘핑을 만들고, 거품 낼 때 사용하면 매우 편리합니다. 거품기로 오랫동안 휘저으면 팔이 아프잖아요. 아이가 쿠키나 케이크, 빵을 좋아한다면 매우 유용할 거예요. 저는 켄우드Kenwood 핸드믹서를 쓰는데, 무겁지 않고 잔고장이 없어서 오랫동안 사용하고 있어요.

12. 와플 팬

와플 팬 하나 있으면 가정에서 밀가루 없이 건강한 와플을 만들 수 있어요. 코팅 팬이어서 아쉽지만, 가급적 흠집이 나지 않게 사용하고 자주 교체하고 있습니다.

14. 실리콘백

식재료를 보관할 때 비닐이나 랩 많이 쓰잖아요. 인체에 좋지 않을뿐더러 환경에도 유해하죠. 친환경 실리콘백을 추천합니다. 처음 장만할 때는 비싼 듯 보이지만, 반영구적이어서 오래오래 쓸 수 있으니 경제적입니다. 쓰고 남은 채소들을 실리콘백에 넣으면 재료를 신선하게 보관할 수 있고, 냉장고 안이 매우 정돈되어 보여요.

우주맘이 써보고 추천하는 식재료들

1. 버터

다양한 버터를 사용하지만 가장 많이 사용하는 제품은 뉴질랜드 초지에 방목한 소에게서 얻은 천연버터 '앵커Anchor버터'와 프랑스 초지 방목 소에게서 얻은 천연버터 '페이장 브레통Paysan Breton'입니다. 맛이 깔끔해서 여기저기 활용하기 좋거든요. 간식으로 '라꽁비에뜨La Conviette' 버터도 좋습니다.

기버터는 '마야항아리'에서 나온 초지 방목 기버터를 사용합니다. 다른 브랜드의 기버터들은 기버터 특유의 진한 맛 때문에 호불호가 갈립니다. 이에 반해 마야항아리의 기버터는 그대로 퍼먹어도 좋을 정도로 맛과 질감이 우수합니다. 기버터는 발연점이 높아 고온에 사용하기 적합해서 식용유 대체품으로 추천합니다.

2. 오일

오메가-6 지방산의 비율이 높아 몸에서 염증을 일으킬 수 있는 일반 식용유 대신 엑스트라버진 올리브오일이나 아보카도오일, 코코넛오일을 이용하세요. 제가 쓰는 올리브오일은 스페인 '마그나수르Magnasur' 사의 엑스트라버진 올리브오일입니다.

산도 0.09%를 자랑하는 대단한 녀석이죠. 올리브오일의 산도는 올리브오일에 포함된 유리지방산Free fatty acid의 함유량을 의미합니다. 산도가 낮을수록 더 신선하고, 맛과 향이 좋으며, 영양가가 높습니다. 샐러드에도 뿌리고, 밀가루-프리 빵을 찍어 먹기도 하고, 볶음 요리에도 사용하는 등 활용도가 매우 높습니다.

아보카도오일은 '퓨어 인디언 푸드Pure Indian Food' 제품을 쓰고, 코코넛오일은 '어니스트Honest' 사의 유기농 100% 엑스트라버진 코코넛오일을 사용하고 있습니다.

3. 목초우, 양고기

우주 식단에는 매 끼니 고기가 올라오는데, 당연히 아무 고기나 사용하지 않습니다. 아이의 장에서 문제를 일으킬 수 있는 제초제, 항생제, 호르몬제 문제가 없는 100% 풀만 먹인 초지 방목 소를 이용합니다. 가장 애용하는 브랜드는 '헤이그린스', '쭌미트', '엉파' 등이고요.

양고기는 냄새가 적고 품질이 우수한 '띵커미틀리 Thinker Meatly' 제품을 이용합니다. 레시피에 종종 등장하는 사골곰탕과 사골파우더는 '헤이그린스' 제품입니다.

4. 해산물

일본의 방류수 이슈 이후에 믿고 먹일 수 있는 해산물이 너무 적어졌습니다. 이럴 때 각종 인증이나 시험성적서를 보유한 제품을 이용하면 안전합니다. 이케아의 연어와 새우, 대구는 '지속 가능한 어업 인증', '지속 가능한 양식업 인증' 제도를 도입하고 있어 종종 이용합니다. '정성어린' 반건조 생선은 일반 기준보다 엄격한 방사능 검사 기준을 적용하여 애용하고 있습니다. 새우는 코스트코 Costco 같은 대형마트에서 무항생제 자연산 새우를 구매합니다.

5. 돼지고기, 닭고기

돼지고기는 자연 방목하여 도토리와 허브만 먹고 자란 이베리코 베요타 돼지고기를 사용합니다. 돼지고기는 '엉파'에서 자주 구매하며, 닭은 '올계' 제품을 씁니다.

6. 유기농 채소

농약, 살충제, 제초제는 아이의 장에서 유익균을 죽이고 유해균이 번지기 좋은 악조건을 만듭니다. 이것이 면역 붕괴로 이어져 아이들이 자주 아프게 됩니다. 유기농 채소를 먹이는 것은 유난이 아니라 필수입니다. 요즘은 온라인몰에서 유기농 채소를 구하기 쉽지요. 제가 가장 자주 이용하는 쇼핑몰은 '오아시스마켓'입니다. 지역 생협이나 로컬 푸드마켓도 이용하고 있습니다.

7. 소스류

신선한 자연 식재료는 영양가가 풍부해 그 자체로 맛이 훌륭합니다. 그래서 우주 식단은 많은 소스를 쟁여놓고 쓰지 않습니다. 기본적인 몇 가지만 있으면 충분합니다. 제가 늘 구비하고 자주 쓰는 몇 가지 소스를 알려드려요.

• 전통 장류: '마야항아리' 사의 간장, 된장, 춘장, 굴소스는 저희 집 냉장고에서 절대로 떨어지면 안 되는 필수품입니다. 아이에게 건강한 짠맛을 알려줄 중요한 식재료지요. non-GMO 콩은 기본이고, 세척탈수한 신안 천일염을 사용하여 그 어떤 식품첨가물도 일절 첨가하지 않고 전통 옹기에 발효하는 깐깐한 제품입니다. 레시피에 매번 등장하니 꼭 구비하세요. 비슷한 품질이라면 다른 제품을 사용해도 무방합니다.

• 유기농 무설탕 토마토소스: 서양식 요리를 만들 때 자주 사용합니다. 고기를 잘 못 먹는 아이에게도 효자템이지요. 가장 많이 사용하는 제품은 '오오가닉OOrganics' 사의 유기농 토마토소스입니다. 코스트코에서 판매하는 '토마토 마리네이드' 소스 역시 첨가물 없이 유기농 재료들만 사용해서 종종 이용하고 있습니다.

• 캐주얼 소스: 당분과 식물성 기름의 문제를 해결한 질 좋은 케첩, 마요네즈, 머스터드는 음식 맛을 풍성하게 하기 위해 가끔 사용하고 있습니다. '프라이멀 키친Primal Kitchen' 사의 유기농 무가당 케첩, '초슨푸드Chosen Foods' 사의 아보카도 마요네즈, '수지스Suzie's' 사의 유기농 머스터드 등을 사용합니다.

• 향신료: 아이허브나 쿠팡에서 '심플리오가닉Simply Organic'을 검색하면 카레, 생강, 파프리카 등의 가루류와 각종 허브와 향신료 제품이 나옵니다. 전부 유기농이고, 유리병에 담겨 있어 종류별로 구비하여 애용하고 있습니다.

- 코코넛밀크·코코넛크림: 코 코넛 100%로 만든 비코리치 Vico Rich 제품을 사용합니다.

- 천연조미료: 뽀시래기 제품을 사 용합니다.

- 애플사이다비니거: 유리병 에 담겨 있는 데니그리스De Ni- gris, 소분하여 판매하는 글루어 트Gluet 액상스틱을 씁니다.

- 멸치액젓: 한식 요리의 감칠맛을 더해주는 멸치액젓은 '맛의명태자' 제품을 사용합니다. 국내산 멸치와 천일염으로 만들었으며 첨가물이 들어가지 않았어요. 국이나 탕에 살 짝 넣으면 풍부한 맛을 만들어줍니 다. 쿠팡에서 구매할 수 있습니다.

8. 유제품

우주는 유제품을 많이 섭취하지 않아요. 하지만 단백질 변형의 문제가 최소화된 '비살균 자연치즈'나 '첨가물 이 들지 않은 목초우 휘핑크림'은 종종 먹습니다. 이 훌륭한 식재료들을 구비해놓으면 음식의 풍미와 맛을 한 층 끌어올려줄 수 있어요. 코스트코나 트레이더스 같은 창고형 대형마트에서 파는 파르미지아노 레지아노 치 즈, 산양유로 만든 비살균 치즈처럼 강판에 갈아서 쓸 수 있게 만든 치즈로 준비하세요.
슬라이스 치즈는 자연치즈가 아닌 가공치즈입니다. 유기농 제품이라도 첨가물이 있어요. 저는 '두레생협 유 기농 자연치즈' 또는 자연 방목 목초유로 만든 사각치즈 '앙투어솔레An Tur Solais'를 사용합니다. 홈베이킹 할 때 자주 쓰는 크림치즈는 '앵커 크림치즈'를 사용합니다.
휘핑크림은 '밀락Millac'에서 나온 파란색 패키지의 럭셔리 데어리 휘핑크림을 쓰고 있는데, 카라기난Carrageen- an처럼 장에 해로운 식품첨가물 없이 오로지 초지 방목 소의 우유만 사용해서 만든 훌륭한 제품이에요. 노란 패키지 제품은 식물성이니 혼동하지 않도록 주의하세요!

9. 소금

간은 대부분 전통 장으로 맞출 수 있지만 간단하게 간하거나 소금물을 타줄 때, 그리고 절임 요리를 할 때 질 좋은 소금이 반드시 필요해요. 다양한 미네랄이 든 핑크 소금은 좋은 선택이지만 석분(돌가루)이 있어 먹기 힘들었는데요. 석분과 불순물을 제거하는 특허 기술을 가진 '솔트뱅크Salt bank' 사의 소금은 이 모든 문제에서 자유로워요. 이외에도 게랑드 소금, 말돈 소금과 같은 품질 좋은 소금이 많으니 다양하게 이용해보세요.

10. 설탕

나한가는 나한과 추출물과 에리스리톨을 혼합해 개발한 대체 감미료입니다. 혈당을 올리지 않는다고 해도 감미료 사용을 추천하지는 않습니다. 단맛을 살짝 내는 정도로 사용하기 바랍니다. 저는 '오붐 나한가'를 쓰는데, 설탕과 유사한 단맛을 냅니다.

11. 치킨스톡

닭의 살코기와 뼈 등을 우려낸 국물을 고형화한 치킨스톡은 서양 요리에 많이 들어갑니다. 저는 올계의 '유기농 치킨스톡'을 사용합니다. 정제소금이 들어가서 아쉽지만 유기농 닭뼈와 닭발을 사용하고 있습니다.

12. 해조류

양식 김은 이물질을 제거하는 과정에서 염산을 뿌리는 경우가 많습니다. 산 처리 과정을 거치면 김의 색깔이 좋아지고 생산량이 증가하지만, 해양오염을 일으키고 인체에도 유해하죠. 친환경 김밥김인 '장흥 무산김'은 산을 쓰지 않고 햇볕과 바닷바람에 자연 건조시키는 재래방식으로 만들어 추천합니다.
미역국을 끓일 때 쓰는 미역은 오아시스마켓에서 구매한 '유기 인증 자른미역'을 사용합니다. 김은 '김시월 오가닉 우리아이 김 무가미'를 사용합니다.

13. 가루류

• 아몬드가루: 베이킹 할 때 밀
가루 대신에 '나우푸드Now Foods'
사의 유기농 아몬드가루를 사용
합니다. 쿠팡에서 구매할 수 있
습니다.

• 마카다미아 분태: 아이들 간식
에 마카다미아가 들어가면 고소
한 풍미가 더해집니다. 아이들의
목에 걸리지 않게 잘게 분쇄된 것
으로 사기를 추천합니다.

• 코코넛가루: 유기농 제품인
'밥스레드밀Bob's Red Mill'을 사용
합니다. 쿠팡에서 구매할 수 있
습니다.

• 카카오가루: 유기농 제품인 '나
비타스 내츄럴스Navitas Naturals 카
카오 초콜릿 파우더 로우'를 사용
합니다. 쿠팡에서 구매할 수 있
습니다.

14. 대체면

아이가 면 요리를 좋아한다면 밀가루면 대신에 두부면, 곤약면, 미
역국수 등을 사용해보세요. 콩세알의 '면두부'나 오아시스마켓에서
판매하는 곤약면, 송테이스트 사의 '두부품은 호박국수' 등으로 대
체할 수 있습니다.

아주 손쉬운 계량법

레시피에 소개된 식재료 계량을 위해 다음 제품들을 준비하면 좋습니다.

1. 전자저울

그램 단위를 계량할 때 필요합니다. 섬세하게 계량되어 소수점까지 표기되는 제품이면 좋습니다.

2. 유리 계량컵

파이렉스Pyrex 등 유리 계량컵이 있으면 액체류를 계량할 때 유용합니다.

3. 성인용 숟가락과 티스푼

우주 식단은 정확한 단위 계량이 필요 없는 쉬운 레시피가 많습니다. 그런 레시피에는 숟가락과 티스푼이 많이 활용되니 집에서 사용하는 것으로 준비합니다.

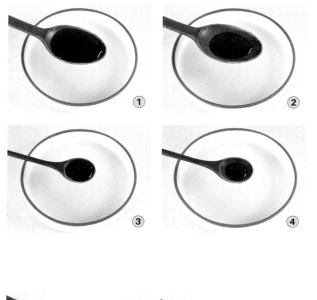

액체

① 1T(테이블스푼)

② 1/2T

③ 1t(티스푼)

④ 1/2t

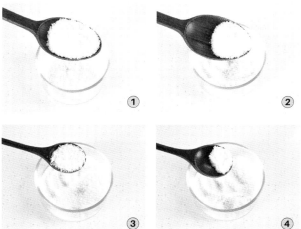

고체

① 1T(테이블스푼)

② 1/2T

③ 1t(티스푼)

④ 1/2t

우리 아이 먹기 좋은 기본 썰기

1. 깍뚝썰기

고기, 당근, 감자, 무 등을 주사위 모양으로 써는 방법입니다. 아이의 한 입 크기로 써는 것이 좋습니다.

2. 채썰기

고기, 버섯, 양파 등을 얇게 저미는 방법입니다. 아이가 먹게 좋게 썰어주면 됩니다.

3. 다지기

양파, 애호박 등을 아주 잘게 써는 방법입니다. 소화기관이 약하거나 씹는 게 익숙하지 않은 아이는 다져주는 것이 좋습니다.

주의해야 할 점

1. 불 세기는 약불이나 중불로 합니다.

우주네 면역력 유아식은 지방을 많이 사용하는 요리입니다. 볶거나 굽는 요리가 많지요. 간혹 엄마들이 프라이팬에서 연기가 모락모락 날 정도로 센 불에 조리하는데요. 발연점이 높은 아보카도오일이나 산도가 낮은 엑스트라버진 올리브오일을 사용하더라도 센 불에 조리하는 것은 좋지 않습니다. 기름이 산화되고 당독소가 생기기 쉽거든요. 요리가 서툴러 온도 조절이 어려운 분들은 늘 중불 이상으로 올리지 않는다는 원칙을 세워보세요. 쉽게 말하자면 올리브오일보다는 아보카도오일, 코코넛오일, 기버터를 사용해 약불~중불에서 조리하는 편이 좀 더 안전한 요리법입니다.

2. 식재료는 유기농을 사용합니다.

우주 식단의 모든 재료는 가급적 유기농을 사용해주세요. 자주 쓰는 식재료는 108쪽에, 가끔 쓰는 식재료는 레시피의 '우주맘 팁'에 제품명을 적어두었습니다.

3. 보관 방법 및 보관 기간을 준수합니다.

음식은 조리 후에 냉장 보관하며, 보관 기간은 일주일을 넘기지 않습니다.

Chapter 4.

우주맘의 면역력
유아식 레시피

지방, 단백질, 탄수가 조화로운
당근 양파
목초우 퓌레

150mL 3회 분량

목초우 퓌레는 우주가 생후 5개월부터 먹었던 이유식이에요. 프랑스 이유식에는 퓌레류가 많다는 점에서 힌트를 얻었어요. 한국식 이유식과는 다르게 쌀이 들어가지 않지요. 매일 아침 목초우 퓌레를 먹고 자란 아이들은 웬만해선 감기도 안 걸려요.

재료

- 당근 1/2개
- 양파 1/4개
- 무염버터 20g
- 목초우 다짐육 100g
- 사골가루 1포(6g)
- 목초우 휘핑크림 100g
- 소금 0.5g
- 생수 250mL

1 당근, 양파를 잘게 썹니다.

2 스텐 냄비에 약불로 버터를 녹이고, 1의
채소를 한 차례 볶습니다.

3 다짐육을 넣고 완전히 익을 때까지 볶아
줍니다.

4 사골가루, 휘핑크림, 소금, 생수를 붓고
중불로 올린 뒤 뚜껑을 덮고 끓입니다.

5 한소끔 끓고 나면 뚜껑을 열고 약불로 줄
인 뒤 잘 저어가며 졸여줍니다. 스패출러로
냄비 바닥을 밀어 바닥이 보일 만큼 국물이
졸아들면 1분 더 끓이고 불을 끕니다.

6 깊은 유리컵에 옮겨 담아 핸드블렌더로
갈아줍니다. 아이 연령에 맞춰 먹기 좋게 갈
면 완성입니다.

쌉쌀한 맛을 알려주는

표고 우엉
목초우 퓌레

150mL 3회 분량

아이가 어려서 '맛의 통로'가 열려 있을 때 목초우 퓌레에 다양한
재료를 활용하면 건강한 입맛을 만들어줄 수 있습니다. 여러 가지
채소들을 응용하면 좋아요. 소금 대신에 굴소스, 간장, 된장을 이용
해보세요. 건강한 짠맛을 알려줄 수 있는 좋은 방법입니다.

재료

- 표고버섯 100g
- 우엉 1/5대
- 무염버터 40g
- 목초우 다짐육 100g
- 사골가루 1포(6g)
- 목초우 휘핑크림 100g
- 소금 0.5g
- 생수 250mL

1 표고버섯, 우엉을 잘게 썹니다.

2 스텐 냄비에 약불로 버터를 녹이고, 1의 채소를 한 차례 볶습니다.

3 다짐육을 넣고 완전히 익을 때까지 볶아줍니다.

4 사골가루, 휘핑크림, 소금, 생수를 붓고 중불로 올린 뒤 뚜껑을 덮고 끓입니다.

5 한소끔 끓고 나면 뚜껑을 열고 약불로 줄인 뒤 잘 저어가며 졸여줍니다. 스패출러로 밀어 바닥이 보일 만큼 국물이 졸면 1분 더 끓이고 불을 끕니다.

6 깊은 유리컵에 옮겨 담아 핸드블렌더로 골고루 갈면 완성입니다.

자연스러운 단맛

호박 케일
목초우 퓌 레

약 150mL 3회 분량

단호박을 넣어 색이 노란 퓌레를 만들어보세요. 호박의 자연스러운 단맛이 매우 맛있습니다. 목초우 퓌레는 지방의 비율이 매우 높아요. 영양적으로도 뛰어나 이유식, 유아식 뿐만 아니라 10대 성장기 아이들에게도 간식으로 추천합니다.

재료

- 작은 단호박(껍질 까서 속 파낸 것) 1개
- 애호박 1/2개
- 손바닥만 한 크기 케일 10장
- 무염버터 20g
- 목초우 다짐육 100g
- 사골가루 1포(6g)
- 목초우 휘핑크림 100g
- 소금 0.5g
- 생수 250mL

1 단호박, 애호박, 케일을 잘게 썹니다.

2 스텐 냄비에 약불로 버터를 녹이고, 1의 채소를 한 차례 볶습니다.

3 다짐육을 넣고 완전히 익을 때까지 볶아줍니다.

4 사골가루, 휘핑크림, 소금, 생수를 붓고 중불로 올린 뒤 뚜껑을 덮고 끓입니다.

5 한소끔 끓고 나면 뚜껑을 열고 약불로 줄인 뒤 잘 저어가며 졸여줍니다. 스패츌러로 밀어 바닥이 보일 만큼 국물이 졸면 1분 더 끓이고 불을 끕니다.

6 깊은 유리컵에 옮겨 담아 핸드블렌더로 골고루 갈면 완성입니다.

필수아미노산과 미네랄이 풍부한
레몬 닭다리 구이

3인 가족 한끼

"아이 주려고 만들었다가 제가 더 많이 먹었어요!", "어제 해 먹었는데, 오늘 또 할 거예요!" 엄마들 사이에서 반응이 뜨거운 레시피 중 하나예요. 만들기도 어렵지 않은데 익숙하지 않은 새로운 맛이 나서 온 가족이 좋아하는 레시피지요.

재료

- 닭정육(닭다리살) 600g
- 양파 1/2개
- 홀그레인 머스터드 2T
- 올리브오일 4T
- 소금 1/2t
- 레몬 주스 2T
- 레몬 1/2개
- 기버터 1T
- 후추 약간

1 닭다리살을 세척하여 물기를 닦은 뒤 손바닥 크기로 썰어둡니다. 양파를 아주 잘게 다져둡니다.

2 큰 볼에 다진 양파, 머스터드, 올리브오일, 소금, 레몬 주스, 후추를 넣고 잘 섞습니다.

3 2에 1의 닭다리살을 넣고 버무린 뒤 유리 그릇에 옮겨 담습니다.

4 세척한 레몬을 껍질째 얇게 썹니다.

5 3 위에 4의 레몬을 올린 뒤 냉장고에서 30분 재워줍니다.

6 중약불로 달군 스텐 팬에 기버터를 두른 뒤 닭 껍질이 아래로 가도록 올리고 그 위에 레몬을 올려줍니다.

7 닭 껍질이 노릇하게 구워지면 레몬과 고기를 뒤집습니다.

8 뚜껑을 덮어 약불에서 찌듯이 구워주면 완성입니다.

부드럽고 깊은 맛

양고기
코코넛 카레

3회분량

양고기는 훌륭한 영양 급원이지만 거부하는 아이들도 꽤 있어요. 이유식 먹일 때부터 자주 노출해주면 양고기에 대한 선호도를 일찍부터 높여줄 수 있지만 그 시기를 놓쳤다면 맛에 대한 거부감을 덜어줄 조리법을 찾을 필요가 있어요. 이때 유기농 카레 가루는 좋은 선택입니다.

시판되는 일반 카레는 첨가물 덩어리예요. 설탕, 향료, non-GMO 여부를 알 수 없는 전분이나 덱스트린 같은 것들이 들어있어요. 심플리오가닉의 카레가루는 유기농 향신료만 들어간 제품으로, 맛과 향이 강해서 아주 소량만 사용합니다. 흔히 알고 있는 카레처럼 노란색을 띠지는 않지만, 아이에게 진짜 카레 맛을 가르쳐줄 수 있어요.
아이가 밥을 좋아한다면 24시간 이상 물에서 불려 지은 잡곡밥과 콜리플라워 라이스를 1:1로 섞어 채소와 함께 볶아 카레라이스로 만들어도 좋습니다.

재료

- 양고기(안심) 100g
- 큰 양파 2/3개
- 작은 당근 1개
- 코코넛밀크 100g
- 소금 1t
- 카레가루 1t
- 올리브오일 약간

1 양고기, 양파, 당근을 깍둑썰기 합니다.

2 프라이팬에 올리브오일을 두르고 양파와 당근을 먼저 충분히 볶습니다.

3 2에 양고기를 넣고 핏기가 사라질 때까지 볶습니다. 고기가 완전히 익으면 맛이 떨어집니다.

4 3에 코코넛밀크, 소금, 카레가루를 넣고 잘 볶습니다.

5 약불로 줄이고 뚜껑을 덮은 뒤 10분 끓여주면 완성입니다.

흰쌀 없이 영양 듬뿍
볶음밥

3인가족 한끼

볶음밥은 어린 시절 추억의 메뉴이기도 하고, 주재료만 바꿔 볶으면 다양한 맛을 즐길 수 있습니다. 옛날에는 마가린, 간장과 함께 볶아 먹었죠. 지금 생각해보면 건강하지 않은 식재료였어요. 옛 추억은 살리면서 아이에게 영양이 듬뿍 담긴 볶음밥을 해줄 수 있습니다.

🪐 우주맘 TIP

* 볶음밥의 꽃은 굴소스입니다. 마야항아리의 굴소스에는 아이 몸에 유해한 캐러멜색소와 각종 첨가물이 없어요. 다만, 시판되는 굴소스와 맛의 차이가 있어서 티스푼 단위로 적은 양부터 첨가하기를 추천합니다.
* 버터는 기버터나 천연버터, 올리브오일을 사용해도 좋습니다.
* 심플리 오가닉의 유기농 카레가루를 1/2~1t 사용한다면 독특한 맛의 카레볶음밥으로 변신합니다.
* 마늘 꼭지는 복통을 일으킬 수 있으므로 칼로 반드시 잘라내고 사용합니다.

재료

* 컬리플라워 라이스 1/2봉지
* 목초우(안심) 200g
* 작은 양배추 1/4통
* 당근 1/3개
* 마늘 2~3알
* 버터 10~20g
* 굴소스 1t
* 생강가루 1/2t
* 소금 또는 간장 1~2t

1 양배추를 잘게 다진 후 흐르는 물에 씻어 물기를 뺍니다.

2 당근을 작게 깍둑썰기 하고, 마늘을 칼 옆면으로 눌러 으깨준 뒤 잘게 다집니다.

3 고기를 잘게 깍둑썰기 합니다. 냉동 고기를 절반 정도 해동하여 손질하면 수월합니다.

4 웍에 약불로 버터를 녹이고 1, 2를 볶다가 간장을 넣은 뒤 중불로 올립니다. 약불에서 볶으면 물이 생겨 질척해집니다.

5 채소들이 반쯤 익었을 때 3의 목초우를 넣고 볶습니다.

6 고기가 반쯤 익었을 때 컬리플라워 라이스, 굴소스, 생강가루를 넣고 볶습니다. 카레가루를 사용한다면 이때 넣습니다.

7 모든 재료가 완전히 익으면 취향에 따라 소금이나 간장으로 간한 뒤 불을 끕니다.

8 접시에 옮겨 담아 달걀프라이를 얹거나 목초우 후리가케(185쪽)를 뿌려 완성합니다.

우리 아이 체력 강화
갈비탕

3인 가족 한두 끼

외식하러 나가면 우주에게 종종 먹였던 것이 갈비탕인데요. 시판되는 갈비탕의 원재료명을 보고는 첨가물에 당황해 다시는 외식으로 갈비탕을 먹지 못하게 되었어요. 우주는 물론이고 어른도 좋아하는 뜨끈한 갈비탕, 집에서 간편하게 만들어 몸보신해보세요.

재료

- 갈비찜용 목초우 1kg
- 무 1/5개
- 당근 1/5개
- 대파 1/3대
- 표고버섯 1개
- 알배추 2장
- 마늘 5~10알
- 삼계 재료 1봉지
- 간장 2T
- 소금 약간
- 생수 약간

1 흐르는 물에 고기를 씻습니다. 아이가 고기 비린내에 민감하면 물에 담가 핏물을 뺍니다.

2 무, 당근, 대파, 버섯, 알배추를 큼직하게 썰고, 마늘을 칼로 꼭지를 잘라냅니다.

3 인스턴트팟 내솥에 1과 2, 삼계 재료, 간장을 넣습니다.

4 모든 재료가 잠기도록 물을 붓습니다.

5 인스턴트팟의 압력 모드에서 30분 조리한 뒤 소금으로 간하면 완성입니다.

맛은 보장, 영양소가 풍부한

토마토 갈비 스튜

갈비탕을 한솥 끓이고 나면 며칠을 먹고도 살코기와 국물이 남는 경우가 많아요. 이럴 때는 토마토소스를 활용해 초간단 스튜를 만들어보세요.

3회 분량

재료

• 갈비탕(132쪽) 한 그릇
• 대파 1대
• 양파 1/2개
• 당근 1/3개
• 마늘 3알
• 올리브오일 2T
• 소금 1/2t
• 토마토소스 2국자

1 대파, 양파, 당근을 아이가 먹기 좋은 크기로 썰어둡니다. 마늘을 칼 옆면으로 눌러 으깨준 뒤 잘게 다집니다.

2 갈빗살을 아이가 먹기 좋은 크기로 썰거나 잘게 찢어둡니다.

3 스텐 팬에 올리브오일을 두른 뒤 1의 채소와 소금을 넣고 양파가 투명해질 때까지 중약불에서 볶습니다.

4 3에 토마토소스를 넣고, 2의 갈빗살과 갈비탕 국물을 부어줍니다.

5 약불에서 졸이듯이 끓여서 소스가 뭉근해지면 완성입니다.

135

아이에게 주는 지중해 건강식
빠에야

3인 가족 한끼

지중해식 요리는 적절히 응용한다면 건강에 이점이 많은 훌륭한 식단이에요. 각종 해산물과 닭고기, 토마토소스의 조화로운 맛이 일품인 빠에야는 접시에 예쁘게 담아내면 레스토랑 요리 부러울 것이 없습니다.

재료

- 바지락 300g(약 17개)
- 칵테일새우 300g
- 닭다리살 300g
- 양송이버섯 8개
- 잡곡밥 1~2T
- 토마토소스 200g
- 올리브오일 약간

1 바지락을 깨끗하게 씻은 뒤 팔팔 끓여둡니다. 끓인 물은 육수로 사용하니 한쪽에 두세요.

2 새우를 흐르는 물에 씻어 물기를 빼고, 닭다리살을 아이가 먹기 좋은 크기로 썰어둡니다.

3 양송이버섯을 얇게 저며둡니다.

4 스텐 팬에 올리브오일을 충분히 두르고 닭다리살을 앞뒤로 노릇하게 구워줍니다. 약불에서 조리하면 고기가 익은 뒤에 팬에서 잘 떼집니다.

5 잘 익은 닭고기를 꺼낸 뒤 새우, 버섯, 잡곡밥, 토마토소스를 넣고 볶습니다.

6 새우가 거의 익으면 1의 바지락과 육수 2국자(약 86mL), 4의 닭고기를 넣고 약불에서 졸입니다.

7 넓은 그릇에 옮겨 담고 파슬리 등으로 꾸며 완성합니다.

감기 똑 떨어지는
된장죽

3~4회 분량

우주가 기운이 없어 보이거나 피로할 때 종종 이 된장죽을 끓여주
곤 합니다. non-GMO 콩으로 제대로 발효해서 만든 전통 된장으
로 끓이면 한국의 맛을 가르쳐주기도 좋지요. 재료를 다 때려넣고
끓이기, 일명 '다때끓' 방식이어서 조리하기 쉬운 데다 맛도 좋으니
자주 해 먹어요.

재료

• 애호박 1/5개
• 큰 표고버섯 1개
• 양파 1/4개
• 알배추 2장
• 된장 1~2t
• 두부 1/2모
• 목초우 또는 이베리코 베요타
　다짐육 200g
• 잡곡밥 2~3T
• 다진 마늘 약간
• 달걀 2개
• 생수 400mL

1 애호박, 버섯, 양파, 알배추를 아이가
먹기 좋은 크기로 썰어둡니다.

2 스텐 냄비에 생수를 넣고 끓인 후 된장을
잘 풀어줍니다.

3 물이 끓으면 1과 두부를 넣고 바글바글
끓입니다. 두부가 으스러지도록 과감히 저
어줍니다.

4 채소들이 반쯤 익었을 때 다짐육을 넣고
잘 풀어주며 끓입니다.

5 4에 잡곡밥과 다진 마늘을 넣고 잘 섞어
가며 졸이듯 끓여줍니다.

6 달걀을 풀고 끓이면 완성입니다. 목초우
가루(190쪽)나 목초우 후리가케(185쪽)를 뿌
리면 영양과 풍미가 함께 올라갑니다.

목초우의 변신
깻잎롤

2~3회 분량

목초우는 훌륭한 식재료인데 질리기 쉽다는 단점이 있어요. 아이들이 자라는 동안 다양한 맛에 노출되는 것이 미각적·영양적으로 중요한데, 매번 구워주기만 하면 이런 부분을 충족할 수 없어요. 이럴 때 깻잎을 이용해 롤을 만들어주면 고기를 색다르게 즐길 수 있습니다.

재료

- 깻잎 한 묶음
- 목초우 다짐육 400g
- 표고버섯 50g
- 익은 백김치 80g
- 큰 양파 1/2개
- 소금 2g
- 올리브오일 약간

1 버섯, 백김치, 양파를 잘게 다져줍니다.

2 깊은 볼에 1을 담고 다짐육, 소금을 넣어 잘 섞어줍니다.

3 잘 씻어 물기를 없앤 깻잎의 줄기를 떼고 한 장씩 펴줍니다. 그 위에 2의 고기소를 올립니다.

4 깻잎의 양옆을 접고 고기소가 빠지지 않게 돌돌 말아줍니다.

5 오븐 팬 위에 간격을 두고 올린 뒤 윗면에 올리브오일을 발라줍니다.

6 180℃로 예열한 오븐에서 30분 구워줍니다.

7 접시에 담아 만능 고기 소스(180쪽)와 함께 냅니다.

고기 싫어하는 아이도 반하는
함박 스테이크

4회분량

우주맘의 함박 스테이크는 밀가루나 빵가루를 넣지 않아 혈당 스파이크를 걱정하지 않고 먹일 수 있어요. 덩어리 고기를 부담스러워하는 아이나 소화력이 약한 아이에게 특히 좋은 메뉴입니다.

* 이베리코 돼지고기는 사료 급여 여부에 따라 등급이 부여됩니다. 고급 곡물 사료를 먹이고 축사에서 사육한 것을 '세보Cebo', 고급 사료와 함께 도토리와 허브를 먹이며 축사 사육을 기본으로 2개월 방목하여 기른 것을 '세보 데 캄포Cebo De Campo', 그리고 사료를 먹이지 않고 자연 방목하여 도토리와 허브만 먹여 기른 것을 '베요타Bellota'로 구분합니다. 베요타가 가장 건강한 돼지고기지요.

* 고기가 팬에 들러붙어서 스텐 팬을 사용하기 어렵다는 분들이 있어요. 고기를 억지로 떼어내겠다고 뒤집개로 자주 뒤집지 마세요. 스텐 팬은 고기가 다 익었을 때 뒤집개로 살짝 건드리면 톡 떨어집니다.

재료

- 목초우 다짐육 200g
- 이베리코 베요타 다짐육 200g
- 당근 1/4개
- 양파 1/4개
- 쪽파 3대
- 달걀 1개
- 간장 1t
- 기버터

1 당근, 양파, 쪽파를 매우 잘게 다집니다.

2 볼에 1과 다짐육, 달걀, 간장을 넣고 잘 섞어줍니다.

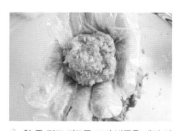

3 한 줌 정도 되도록 고기 반죽을 떼어 여러 번 치댄 뒤 둥글고 납작하게 만듭니다.

4 유리 반찬통에 종이호일을 깔고 3의 고기 반죽을 간격을 두고 올립니다. 이틀 이내에 먹으면 냉장 보관, 그 이상은 냉동 보관합니다.

5 스텐 팬에 기버터를 두르고 4의 고기 반죽을 올린 뒤 중약불에서 앞뒤가 노릇하게 구워줍니다.

6 머스터드 소스와 함께 접시에 담아 완성합니다.

아이가 엄지 척 드는

소고기 피자

1판(3인 가족 1회 분량)

어느 날 남편이 만들어준 밀가루-프리 수제 피자를 맛본 이후로 다른 피자를 먹지 못하게 되었어요. 제가 임신했을 때는 풍부한 토핑을 잔뜩 얹은 피자 한 판을 다 먹기도 했답니다. 그래서인지 우주 역시 아빠가 만든 피자를 정말 좋아해요.

🪐 우주맘 TIP

* 토마토소스가 듬뿍 들어가는 것이 이 피자의 포인트예요. 고기의 감칠맛과 토마토소스의 새콤함이 어우러져 끝내주는 피자 맛을 완성하거든요.
* 유기농 자연치즈는 양은 적은데 가격이 비싸서 충분히 올릴 수 없다는 아쉬움이 있어요. 시중에 유기농 치즈는 아니지만 첨가물이 최소화된 자연치즈도 판매하고 있으니 치즈를 듬뿍 올린 피자가 그리울 때 종종 사용해주세요. 하지만 언제나 유기농이 최고라는 것을 잊지 마세요.

재료

- 목초우 다짐육 200g
- 달걀 3개
- 양파 1/3개
- 호박 1/4개
- 당근 1/4개
- 표고버섯 1/2개
- 토마토소스 2~3T
- 소금 1/2t
- 자연치즈 1봉지

1 프라이팬에 올리브오일을 두르고 잘 풀어둔 달걀을 넓게 부쳐 도우 모양을 만들어줍니다.

2 양파, 호박, 당근, 버섯을 아주 잘게 썰어둡니다.

3 스텐 팬에 올리브오일을 두르고 다짐육을 넣은 뒤 소금을 뿌려 볶아줍니다.

4 고기가 반쯤 익었을 때 2의 채소들을 넣고 채소가 부드러워질 때까지 충분히 볶아줍니다.

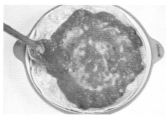

5 오븐 용기에 1의 달걀 도우를 올리고 토마토소스를 듬뿍 발라줍니다.

6 자연치즈는 어슷썰어서 준비해둡니다. 칼질할 때 손이 다치지 않게 주의합니다.

7 5에 4의 토핑을 얹은 뒤 6의 치즈를 풍성하게 올립니다.

8 200℃로 예열한 오븐에서 12~15분 구우면 완성입니다. 컨벡션 오븐과 에어프라이어는 190℃에서 굽습니다.

성장기 아이에게 특히 좋은
사태 수육

한접시

고급 한정식집에서 나오는 소고기 수육이 부럽지 않은 목초우 수육은 우주 아빠의 걸작이라고 할 수 있어요. 만들기는 간단하지만 차리고 나면 "우와!" 하는 감탄이 절로 나와서 한 끼 식사는 물론 손님 맞이에도 자주 내놓는 고급 요리입니다.

재료

• 목초우 사태살 500g
• 된장 1/2T
• 목초우 사골곰탕 1팩

1 인스턴트팟 내솥에 사태를 담고 내용물이 잠길 정도로 물을 부은 뒤 된장을 풀어줍니다.

2 압력 모드에서 20분 조리합니다.

3 유리 용기에 2를 담아 뚜껑을 덮어 2시간 냉장 보관합니다.

4 차가워진 고기를 최대한 얇게 썬 뒤 넓은 접시에 살짝 겹치도록 펼쳐 놓습니다.

5 냄비에 사골곰탕을 한소끔 끓인 뒤 4에 찰랑찰랑할 정도로 부어주면 완성입니다.

Fondest bear
Food is our common ground,
a universal experience.

영양가득 스파게티
두부면
로제 파스타

3인가족 한끼

밀가루면을 대체하는 면 중에서 우주가 제일 좋아하는 것은 두부 면입니다. 가끔은 어른만큼 먹어 엄마, 아빠를 깜짝 놀라게 할 정 도로 좋아합니다. 토마토소스나 크림소스를 이용하면 다양한 맛의 파스타를 즐길 수 있어요. 여기선 이 둘을 섞은 로제 파스타를 즐 겨볼까요?

재료

- 두부면 1팩
- 목초우 척아이롤(목심, 등심) 500g
- 큰 양파 1개
- 양송이버섯 2~3개
- 대파 1대
- 마늘 5알
- 간장 2T
- 목초우 휘핑크림 100g
- 토마토소스 100g
- 생수 50mL

1 두부면은 포장을 뜯은 후 물기를 제거합니다.

2 척아이롤을 세로로 길게 잘라줍니다.

3 양파, 버섯, 대파를 길게 채썰고, 마늘을 편썰기 합니다.

4 스텐 팬에 올리브오일을 듬뿍 두른 뒤 2와 3을 넣고 한데 볶습니다.

5 고기가 반쯤 익었을 때 간장을 두른 뒤 고기가 익을 때까지 볶아줍니다.

6 휘핑크림, 토마토소스, 생수를 넣고 중약불에서 잘 저으며 졸여줍니다.

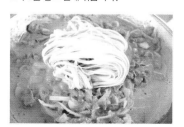

7 두부면을 넣고 한 번 더 볶으면 완성입니다.

건강한 피크닉 도시락

꼬마 김밥

3인 가족 한 끼

밥 없는 김밥을 파는 가게가 있어 기쁜 마음에 사 먹어보았어요. 아쉽게도 달걀이 최상급이 아닌 데다 식물성 기름을 쓴 마요네즈가 들어가다 보니 잘 안 먹게 되더라고요. 여기서 소개하는 김밥은 시판 김밥보다 맛있는 건 물론이고 아이가 좋아하는 재료들로만 조합할 수 있어 매력적입니다.

재료

* 김밥김 5장
* 당근 1/5개
* 시금치 1단
* 목초우 또는 이베리코 베요타 또는 유기농 닭고기 200g
* 달걀 2~3개
* 마요네즈 약간
* 소금 약간

1 당근을 채썰어 소금에 버무립니다.

2 시금치는 소금을 넣고 끓인 물에 데쳐 물기를 빼둡니다.

3 프라이팬에 올리브오일을 두른 뒤 당근과 시금치를 볶아줍니다.

4 고기는 길게 썰어 올리브오일을 두른 팬에서 볶아줍니다. 이때 소금을 살짝 뿌립니다.

5 프라이팬에 달걀을 넓게 부친 뒤 4등분 합니다.

6 3, 4, 5 외에 치즈나 우엉 등 여러 식재료를 활용해도 좋습니다.

7 김을 세로로 3등분 합니다. 김을 깔고 5의 달걀을 올린 뒤 마요네즈를 발라줍니다.

8 식재료를 하나씩 올리고 잘 말아서 김 끝에 물을 묻혀 붙입니다.

9 아이가 먹기 좋은 크기로 썰어서 완성합니다.

우리 아이 입맛 저격

미트볼

1~2회 분량

서양 요리라고 하면 대표적으로 떠오르는 메뉴 중 하나가 미트볼 아닐까요? 식당에서 어린이 메뉴로도 많이 나오죠. 학창시절에 급식 메뉴로 나오면 환호할 만큼 좋아했으니 아이들의 입맛을 돋우는 데도 좋은 메뉴라 생각합니다. 물론 집에서 만들면 건강에도 좋지요!

재료

- 목초우 다짐육 250g
- 피망 1/4개
- 작은 표고버섯 2개
- 양파 1/4개
- 마늘 2알
- 달걀노른자 1개
- 토마토소스 100g
- 목초우 휘핑크림 30g
- 소금 1/2t
- 간장 1t
- 생수 50mL
- 올리브오일 약간
- 파르미지아노 레지아노 치즈 약간

1 피망, 버섯, 양파, 마늘을 최대한 곱게 다집니다. 그래야 반죽할 때 잘 뭉칩니다.

2 스텐 팬에 올리브오일을 두르고 1을 볶습니다. 아이가 매운 걸 잘 먹으면 이 과정은 생략해도 됩니다.

3 깊은 볼에 2와 다짐육, 달걀노른자, 소금을 넣고 잘 섞어줍니다.

4 고기 반죽을 3cm 크기로 둥글게 빚은 뒤 올리브오일을 두른 팬에 앞뒤를 살짝 굽습니다.

5 다른 팬에 토마토소스, 휘핑크림, 간장, 생수를 넣고 끓입니다.

6 5가 끓기 시작하면 4에 부어 중약불에서 20분 끓여줍니다.

7 파르미지아노 레지아노 치즈를 강판으로 갈아 6에 얹어줍니다.

8 뚜껑을 닫고 약불에서 5분 더 끓이면 완성입니다.

달걀면이 부드러운

초계 국수

3인가족한끼

더운 여름에 후루룩 먹을 수 있는 새콤한 초계국수는 호불호가 갈리지 않는 메뉴입니다. 밀가루면 대신 부친 달걀을 길게 썰면 훌륭한 대체면이 되지요. 손은 다소 가지만 땀을 많이 흘리는 여름에 아이 보양식으로 이만한 메뉴도 없을 거예요!

🪐 우주맘 TIP

* 국수에 고소한 맛을 첨가하기 위해 참기름을 소량 이용할 수 있어요. 참기름은 건강한 기름이 아니지만 요리 마지막 단계에서 한두 방울만 넣어줘도 고소한 맛을 살릴 수 있으니 소량 이용하는 것은 괜찮습니다.
* 참기름은 유기농 냉압착 제품으로 고르고, 되도록 작은 병에 든 것을 구매해서 냉장 보관하세요. 절대로 열을 가하지 않도록 합니다.
* 우주맘이 사용하는 국자는 용량이 1국자가 약 43mL, 2국자가 약 86mL, 3국자가 약 130mL입니다.

재료

* 백숙용 닭 1마리
* 무 1/4개
* 당근 1개
* 양파 1개
* 마늘 6개
* 애플사이다비니거(애사비) 5T
* 간장 3t
* 나한가 2t
* 멸치액젓 1t
* 레몬즙 약간
* 달걀 6개
* 레몬 오이 절임(208쪽) 3줌
* 생수 약간

1 무, 당근, 양파를 큼직하게 썹니다. 마늘 꼭지는 복통을 유발할 수 있어 잘라줍니다.

2 곰솥에 1과 닭을 넣고 닭이 익어 야들해질 때까지 삶습니다.

3 2에서 닭고기를 꺼내어 아이가 먹기 좋게 찢어놓습니다. 국물을 한 김 식혀줍니다.

4 국그릇에 2의 닭 육수 3국자, 생수 1국자를 넣어줍니다. 애사비, 간장, 나한가, 멸치액젓을 넣고 골고루 섞습니다.

5 뚜껑을 덮어 냉장고에 넣어둡니다.

6 프라이팬에 달걀을 넓게 부친 뒤, 면 모양으로 길게 썰어줍니다.

7 국그릇에 달걀면, 3의 찢어놓은 닭고기, 레몬 오이 절임을 담습니다.

8 5의 차가워진 국물을 붓고 레몬즙을 취향껏 넣어 완성합니다.

바다 향기 한가득
가자미 미역국

3인 가족 한끼

미역국을 고기로만 끓인다는 편견을 버려보세요. 깔끔한 맛의 반건조 가자미와 함께 끓이면 색다른 맛의 미역국을 즐길 수 있습니다. 반건조 생선이라고 하면 질기거나 살코기가 부족할까 봐 걱정하는데, 생각보다 부드러워서 굽거나 쪄 먹어도 맛있습니다.

재료

- 미역 10g
- 반건조 가자미 1마리
- 마늘 2~3알
- 간장 1t
- 멸치액젓 1t
- 생수 500mL

1 미역을 물에 잘 불려 헹구고 물기를 짜둡니다.

2 가자미를 지느러미와 꼬리를 떼고 3등분 합니다.

3 마늘을 칼 옆면으로 눌러 으깬 뒤 잘게 다져둡니다.

4 냄비에 1의 불린 미역과 마늘을 넣고 가볍게 볶아줍니다.

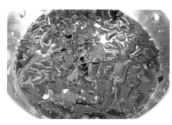

5 4에 생수를 자작하게 붓고 팔팔 끓입니다. 물 대신 채소수나 멸치 다시마 육수를 사용해도 좋습니다.

6 5에 가자미, 간장, 멸치액젓을 넣은 뒤 뚜껑을 덮고 끓여줍니다. 끓이는 동안 자주 뒤적이면 생선이 부서지므로 그대로 끓입니다.

7 맛이 깊어지도록 약불에서 천천히 오래 끓여 완성합니다.

코감기가 싹 낫는 요리
대구탕

3인가족 한끼

이케아는 스웨덴 푸드마켓이라는 식료품점을 함께 운영하고 있어요. 이곳에서 '지속가능한 어업 인증'을 받은 냉동 대구 필렛(뼈를 발라낸 살코기)을 판매합니다. 이 대구 필렛으로 구이, 찜, 탕 등 다양한 대구 요리를 아이에게 해줄 수 있어요. 뜨끈하게 먹기 좋은 탕을 소개해요.

재료

- 대구 필렛 3덩이
- 작은 무 1/4개
- 당근 1/2개
- 알배추 1줌
- 대파 1대
- 마늘 5알
- 간장 1T
- 소금 약간
- 생수 약간

1 무, 당근, 알배추, 대파를 큼직하게 썰고, 마늘을 칼 옆면으로 눌러 으깹니다.

2 냄비에 알배추를 제외하고 1과 대구를 넣은 뒤 재료가 반쯤 잠기도록 물을 부어줍니다.

3 한소끔 끓인 뒤 알배추와 간장을 넣습니다. 뚜껑을 덮고 약불로 줄여 오래 끓입니다. 뒤적이지 말고 그대로 끓여야 대구가 부서지지 않습니다.

4 무가 잘 익을 때까지 필요하다면 생수를 보충하면서 끓여줍니다. 오래 끓일수록 맛이 깊어집니다.

5 소금 간하여 완성합니다.

저탄고지 삼겹탕
이베리코탕

3~4회 분량

임신했을 때 가장 자주 해 먹은 음식이 '삼겹탕'입니다. 삼겹살과 각종 채소들을 넣고 바글바글 끓이는 요리인데, 고춧가루를 뿌려 매콤하게 먹곤 했습니다. 유아식에 적용한다면 일반 돼지고기보다 이베리코 베요타와 같이 건강에 더 이로운 육류를 사용하는 것이 좋겠지요.

🪐 우주맘 TIP

* 이베리코 베요타는 목살, 항정살, 삼겹살 등 부위 상관없이 사용하세요. 아이가 연령이 어리거나 소화력이 약하고 씹는 것이 미숙하다면 다짐육을 사용하여 끓이거나 인스턴트팟과 같은 슬로우쿠커로 조리하면 도움이 됩니다.
* 라드는 돼지고기의 비계를 구우면 나오는 기름을 굳혀 식용 기름으로 사용하는 것입니다. 건강에도 좋고 음식의 맛이 풍부해지니 부록의 라드 조리법(229쪽)에 따라 한번 만들어보세요.

재료

* 이베리코 베요타 200g
* 알배추 3~4장
* 대파 1대
* 당근 1/3개
* 표고버섯 1~2개
* 무 1/5개
* 마늘 1~2알
* 새우젓 약간 또는 멸치액젓 1t
* 생강가루 1/3t
* 간장 1~2t
* 이베리코 베요타 라드 또는 올리브오일 1T
* 생수 500mL

1 고기를 아이가 먹기 좋은 크기로 썰어둡니다.

2 깨끗하게 씻은 알배추와 대파를 큼직하게 자르고, 당근, 버섯, 무를 깍둑썰기 합니다. 마늘을 칼 옆면으로 눌러 으깹니다.

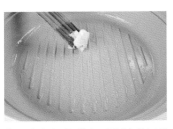

3 냄비에 라드를 올리고 중약불에서 1의 고기와 마늘, 대파를 볶습니다.

4 고기 핏기가 사라지면 3에 생수를 붓고 끓여줍니다.

5 알배추, 당근, 버섯, 무를 넣고 바글바글 끓입니다.

6 새우젓, 생강가루, 간장을 넣고 약불에서 20분 이상 끓여줍니다. 채소들이 충분히 익을 때까지 오래 끓여야 깊은 맛이 납니다.

7 취향에 따라 소금 간하여 완성합니다.

먹태기 탈출
달걀 김국

3~4회 분량

단순한 재료지만 건강과 맛 모두 잡은 레시피인 달걀 김국을 소개합니다. 이 김국으로 아이 먹태기가 끝났다는 연락을 받았을 때 기뻤던 마음이 아직도 생생하네요. 유기농 곱창김으로 저녁에 간단하게 끓여두면 다음날 아이 등원 전에 가볍게 먹여 보내기도 좋아요.

🪐 우주맘 TIP

＊곱창김을 고를 때는 기름을 발라 굽지 않은 생김으로 골라주세요. 시중 김들은 구울 때 대부분 식물성 기름을 사용하는데, 염증과 산화 손상의 주범이기에 피하는 것이 좋습니다.

＊물 대신 채소육수나 멸치육수 등을 사용하면 더욱 좋습니다. 물로 끓일 경우 멸치액젓을 살짝 추가해 깊은 맛을 더해줄 수 있습니다.

재료

- 달걀 2개
- 곱창김 2장
- 간장 1과 1/2t
- 천연조미료 약간
- 생수 500mL
- 소금 약간

1 냄비에 생수를 넣고 팔팔 끓입니다.

2 1에 간장을 넣습니다.

3 미리 깨놓은 달걀을 냄비에 풀어줍니다. 머들러로 빠르게 저으면서 풀어야 뭉치지 않고 잘 풀어집니다.

4 곱창김을 접어서 넣습니다. 찢어 넣지 않아도 끓다가 알아서 잘 풀립니다.

5 천연조미료를 살짝 넣고 완성합니다. 필요하다면 소금으로 간합니다.

아이 입맛 치트키
차돌 짜장

3인 가족 한 끼

아이가 짜장 좋아하나요? 시판되는 춘장은 건강한 전통 장의 장점을 잃어버리고 첨가물로 가득합니다. 하지만 걱정 마세요! 중국 전통의 춘장을 첨가물 하나 없이 제대로 구현한 춘장이 있으니까요. 전분도, 캐러멜색소도 없이 건강하고 맛있게 짜장 요리를 만들어줄 수 있습니다.

재료

- 목초우 차돌양지(슬라이스 된 것) 500g
- 당근 1/2개
- 양송이버섯 2개
- 애호박 1/3개
- 양파 1개
- 피망 1/2개
- 춘장 2t
- 생수 500mL

1 당근, 버섯, 애호박, 양파, 피망을 아이가 먹기 좋은 크기로 깍둑썰기 합니다.

2 슬라이스 된 차돌양지를 잘게 썹니다.

3 전골 냄비에 생수를 넣고 끓으면 2와 춘장을 넣고 30분 끓입니다.

4 3에 1의 채소를 넣고 10~15분 더 끓입니다.

5 물이 졸면 물을 더 붓고 볶아주면 완성입니다.

odense

간편하게 기력 보충

샌드위치

미니 샌드위치 5~6개

"밀가루는 몸에 나쁘니 샌드위치도 먹이면 안 되겠죠?" 밀가루 없이 건강한 재료만으로 만든 빵이 있습니다. 우주 아빠가 개발한 모닝빵, 즉 우주빵은 아몬드가루와 차전자피가루를 베이스로 만들어서 혈당 자극이 거의 없어요. '우주베이커리'에서 판매하지만 비슷한 품질이면 밀가루를 쓰지 않은 다른 제품을 사용해도 좋습니다.

재료

- 밀가루-프리 빵 6개
- 자연치즈 한 줌
- 참치 또는 연어 3팩
- 양파 1/2개
- 소금 1/4t
- 아보카도 마요네즈 5T
- 홀그레인 머스터드
- 후추 약간

1 자연치즈를 잘게 다진 뒤 사각 팬에서 녹여줍니다. 약불에서 눌러붙거나 타지 않게 저어줍니다.

2 사각으로 잘 녹은 치즈를 그대로 굳힌 뒤 빵 크기에 맞춰 자릅니다.

3 양파를 채썬 뒤 매운 기가 가시도록 올리브오일을 두른 팬에서 꼼꼼하게 볶아줍니다. 약불에서 갈색이 될 때까지 볶습니다.

4 넓은 볼에 참치, 3의 볶은 양파, 소금, 마요네즈, 후추를 넣고 골고루 섞어줍니다.

5 밀가루-프리 빵을 반으로 갈라서 한쪽에 머스터드를 듬뿍 바릅니다.

6 그 위에 2의 사각치즈, 4의 속 재료를 얹은 뒤 나머지 빵을 덮어 완성합니다.

고단백 영양식
닭날개 구이

(1회 분량)

고기는 역시 뜯는 맛입니다. 직접 들고 뼈를 발라먹는 것도 아이에게는 재미지요. 아이에게 다양하게 '먹는 법'을 가르쳐줄 필요가 있습니다. 잘 씻어 오븐에 굽기만 하면 되니, 엄마가 편한 건 두말할 필요도 없고요. 소스 레시피를 참고하여 곁들이는 것도 잊지 마세요.

재료

• 닭날개 600g
• 소금 1/2t
• 후추 또는 바비큐 시즈닝 약간
• 올리브오일 3T
• 허브 향신료 약간

1 닭날개를 잘 씻은 뒤 키친타월로 물기를 제거합니다.

2 1에 소금, 후추, 올리브오일을 넣고 조물조물 버무립니다.

3 오븐 팬에 간격을 두고 펼쳐놓습니다. 오븐 그릴 망에 올리면 색깔이 더 예쁘게 나옵니다.

4 200℃로 예열한 오븐의 중간 단에서 30분 굽습니다. 컨벡션 오븐과 에어프라이어는 190℃에서 굽습니다.

5 닭날개를 꺼내어 뒤집어줍니다.

6 오븐에서 20분 더 구워 완성합니다.

뼈 건강과 근육 강화에 좋은
장조림

약 5회 분량

저는 아이에게 밥을 먹이지는 않지만, 밥도둑까지 거를 필요는 없 잖아요. 장조림을 일반적인 레시피보다 덜 짜게 만들면 그 자체로 훌륭한 한 끼 요리로 만들 수 있어요. 밥 없이 먹어도 짜지 않고 맛 있습니다.

재료

- 목초우 국거리 2T
- 대파 1대
- 무 1/5개
- 당근 1/2개
- 달걀 5개
- 간장 2T
- 생수 500mL

1 대파, 무, 당근은 깍둑썰기 해둡니다.

2 달걀을 끓는 물에 15분 완숙으로 삶은 뒤 껍데기를 까둡니다.

3 인스턴트팟 내솥에 1의 채소와 고기, 간장, 생수를 넣습니다.

4 압력 모드에서 40분 조리합니다.

5 고기만 건져 잘게 찢습니다.

6 5의 찢은 고기를 다시 인스턴트팟에 넣고 2의 달걀을 넣습니다.

7 찜 모드에서 10분 조리하면 완성입니다.

오메가-3가 풍부한

크림소스
대구 구이

(3인 가족 1회 분량)

비린 맛 없이 깔끔하고 두툼한 대구에 부드러운 크림소스를 얹어
보세요. 깊은 풍미를 느낄 수 있는 고급 생선 요리가 됩니다. 재료는
간단하고 만들기 쉬운데 영양이 풍부합니다. 우리 집을 고급 레스
토랑으로 바꿔주는 멋진 요리예요!

재료

• 대구 필렛 3덩이
• 양파 1/3개
• 피망 1/3개
• 목초우 휘핑크림 120g
• 소금 약간
• 올리브오일 약간

1 냉동 대구를 하루 전 냉장고로 옮겨 해동해둡니다.

2 양파와 피망을 아이가 먹기 좋은 크기로 잘게 썰어둡니다.

3 프라이팬에 올리브오일을 넉넉히 두르고 중약불에서 대구 필렛을 굽습니다.

4 대구를 한 번 뒤집어 한쪽으로 밀어둔 뒤 2의 채소들을 넣고 볶아줍니다.

5 채소 위에 소금을 뿌리고 볶다가 대구를 한 번 더 뒤집어주세요.

6 대구 결을 따라 주걱으로 살살 눌러 두 덩이로 나눕니다.

7 휘핑크림을 넉넉하게 두릅니다.

8 뚜껑을 덮고 약불에서 3분 익히면 완성입니다.

미네랄 보충 요리
문어 버터 구이

한 접시

그냥 먹어도 맛있는 자숙 문어를 고급스러운 서양 요리로 만들어보았어요. 올리브오일의 상쾌한 맛과 기버터의 깊은 맛을 한 번에 느낄 수 있는 특별한 요리입니다. 자칫 심심할 수 있는 식탁에 특별한 변화를 주세요.

🪐 우주맘 TIP

* 보통 문어나 오징어 등으로 요리하면 물이 생기는 것을 걱정하게 마련인데요. 한번 익혀서 나오는 자숙 문어를 사용하기 때문에 물이 나오지 않는 것은 물론 작은 팬에서 짧은 시간에 조리하니 크게 신경 쓰지 않아도 됩니다.
* 이 요리에는 꽤 많은 양의 올리브오일이 들어가는데, 감바스에 들어가는 양과 비슷하게 생각하면 될 거예요. 오일에 바글바글 끓여 국물과 함께 떠 먹으면 질 좋은 지방까지 한 번에 채워줍니다.

재료

* 자숙 문어 다리 3개
* 기버터 1T
* 양파 1/2개
* 마늘 3알
* 올리브오일 4T
* 애플사이다비니거 1스푼
* 간장 1t
* 후추 약간
* 파슬리 약간

1 양파를 잘게 채썰고 마늘을 칼 옆면으로 눌러 으깨줍니다.

2 문어 다리를 잘 씻어 아이가 먹기 좋은 크기로 썰어줍니다.

3 스텐 팬에 기버터를 두르고 문어를 중불에서 한 차례 볶습니다.

4 1의 양파와 마늘을 넣고 더 볶습니다.

5 중약불로 줄이고 올리브오일을 두른 뒤 더 볶습니다.

6 애사비, 간장을 넣고 한 번 더 볶습니다.

7 후추와 파슬리를 뿌려 완성합니다.

성장을 돕는 철분 한 그릇

오징어 버터 구이 (오징어 한 마리)

오늘은 뭘 해서 먹이나 자주 고민하시죠? 매일 비슷한 반찬을 먹인다는 기분이 들 때는 해산물로 눈을 돌려보세요. 생각보다 간단하고 맛있는 반찬을 쉽게 만들 수 있어요. 오징어 버터 구이는 오징어를 잘라 버터에 볶기만 하면 끝이니 세상 쉽고, 아이에게는 색다른 반찬입니다.

재료

• 반건조 오징어 1마리
• 기버터 1T 또는 무염버터 20g

🪐 **우주맘 TIP**

아이가 매콤한 향을 좋아한다면 다진 마늘과 후추를 약간 첨가 해도 좋아요.

1 반건조 오징어의 가운데 심을 빼고 칼이 나 가위로 먹기 좋게 잘라줍니다.

2 프라이팬에 기버터를 녹이고 1의 오징어 가 익을 때까지 중약불에서 빠르게 볶아줍 니다.

3 취향에 따라 파슬리 같은 허브를 솔솔 뿌 려 완성합니다.

소스

두뇌 발달을 위한 첫걸음
올리브오일
마요네즈

한컵분량

시판되는 마요네즈는 가공 대두유를 사용하기 때문에 몸속에 염증을 만드는 주범입니다. 첨가물도 들어가니 건강에 좋을 수가 없어요. 수제로 만들면 우리가 아는 마요네즈처럼 하얗고 쫀득하지는 않지만 소스로서 역할은 충실히 해준답니다.

🪐 우주맘 TIP

* 달걀 알레르기가 있는 아이라면 주의하세요. 또한 날달걀을 사용하기 때문에 난각번호 1번란이면서 신선한 제품으로 사용해야 합니다.
* 완성된 마요네즈는 반드시 냉장 보관하고 일주일 안으로 소진하는 것이 좋습니다. 완성했을 때는 액상 형태인데, 냉장고에서 하루 정도 보관하면 약간 꾸덕한 질감이 됩니다.

재료

* 달걀노른자 5개
* 소금 1/5t
* 애플사이다비니거 25mL
* 올리브오일 100mL

1 달걀은 노른자만 분리합니다.

2 핸드블렌더 용기에 노른자, 소금, 애사비를 넣고 1분 강하게 갈아줍니다.

3 준비한 올리브오일의 절반을 넣고 핸드블렌더로 강하게 1분 갈아줍니다.

4 남은 올리브오일을 모두 넣고 핸드블렌더로 강하게 1분 갈아주면 완성입니다.

고기 요리에 영양 한 스푼
만능 고기 소스

3~4회 분량

우주의 최애 소스입니다. 고기를 맛있게 먹으라고 올려주면 이 토핑부터 싹 긁어 먹을 정도로 좋아해요. 굴소스가 만들어내는 깊은 풍미와 레몬즙의 상큼함이 잘 어울리는 소스지요. 구운 고기에 그대로 얹어도 좋고, 반찬처럼 주어도 좋아요.

재료

- 양파 1/2개
- 마늘 2알
- 기버터 20g
- 간장 1T
- 굴소스 1t
- 파프리카가루 1/2t
- 레몬즙 또는 애플사이다비니거 2T

1 양파를 잘게 다지고, 마늘을 칼 옆면으로 눌러 으깬 뒤 잘게 다져줍니다.

2 스텐 냄비에 기버터를 녹이고, 1의 다진 양파와 마늘을 살짝 볶아줍니다.

3 양파가 반투명해지면 간장과 굴소스를 넣고 볶아줍니다.

4 파프리카가루를 솔솔 뿌려 한 번 더 살짝 볶아줍니다. 중불로 올린 뒤 뚜껑을 덮고 한소끔 끓입니다.

5 불을 끈 뒤 레몬즙을 넣고 섞어서 완성합니다.

유아식 치트키

목초우 라구 소스

3~4회 분량

라구 소스는 야채와 다진 고기를 넣어 만든 이탈리아 볼로냐 지방의 미트 소스입니다. 파스타에 넣거나 빵에 얹어 먹으면 무조건 맛있는 마성의 소스입니다. 우주는 마구 퍼먹기도 하지요.

재료

• 목초우 다짐육 200g
• 토마토소스 200g
• 큰 양파 1/2개
• 피망 1개
• 마늘 2알
• 소금 약간

1 양파, 피망, 마늘을 아주 잘게 다져줍니다. 만능다지기를 이용하면 편리합니다.

2 스텐 팬에 올리브오일을 두르고 1과 다짐육을 넣고 볶다가 고기가 익으면 토마토소스를 넣습니다.

3 소금으로 간하여 완성합니다.

4 취향에 따라 파르미자노 레지아노 치즈를 강판에 갈아 넣으면 맛있습니다.

🪐 우주맘 TIP

* 완성된 소스에 목초우가루(190
쪽)를 1~2t 넣어도 좋아요. 특
히 고기를 먹기 싫어하는 아이
라면 좋은 대안이 될 수 있어
요. 천연조미료를 소량 넣어
주어도 좋아요. 아이가 매콤한
향에 익숙하다면 후추를 약간
넣어도 좋아합니다.
* 견과는 수제품 판매 플
랫폼 '아이디어스idus'
에서 갓 볶아서 파는
견과를 사면 맛과 향
이 다릅니다.

체내 염증을 줄여주는

올리브 바질 소스 3~4회분량

바질페스토는 건강하고 맛있는 소스지만 시판되는 제품들 중에는 염증
을 일으키는 식물성 기름을 쓰거나 첨가물을 넣는 경우가 많아요. 믹서
만 있으면 집에서도 손쉽게 만들 수 있으니 고기용 소스로 쓰거나 밀가
루-프리 빵에 발라서 먹여보세요.

재료

• 올리브오일 50mL
• 하루견과 20g
• 바질 10g
• 애플사이다비니거 1~2T
• 올리브 절임 한 줌
• 소금 약간

1 파워블렌더 용기에 올리브오일, 견과, 바
질, 애사비, 소금을 넣고 1분 강하게 갈아줍
니다.

2 올리브 절임을 다져줍니다. 먹어보고 짜
면 소금 간은 생략합니다.

3 1에 2를 넣고 잘 섞어주면 완성입니다.
부드러운 질감을 원하면 1에 올리브 절임을
넣고 처음부터 같이 갈아줍니다.

🪐 **우주맘 TIP**

시중에 많은 유기농 김이 출시되어 있는데, 원물은 유기농이라도 조미김은 식물성 기름에 굽는다는 문제가 있습니다. 소금이 문제가 아니라 식물성 기름이 문제인 것이죠. 또한 '올리브오일 김'이라고 해서 샀는데 올리브오일과 식용유를 섞어서 쓴 경우도 있으니 김을 구매할 때 원재료를 꼭 확인해야 합니다.

맛과 영양이 깊어지는

목초우 후리가케 　약 10회 분량

밥 잘 안 먹는 아이들을 위해 후리가케를 사 먹이는 분들 많으시죠? 시판되는 후리가케에는 식물성 기름이 들어있고 당분, 각종 첨가물이 들어있어요. 그래서 저는 목초우가루를 베이스로 후리가케를 만드는데요. 완성된 음식 위에 솔솔 뿌려주면 영양가와 맛까지 올라가니 만능템입니다.

재료

- 목초우가루 50g
- 마른 멸치 2t
- 밥새우 1t
- 무조미 김 1봉

1 만능다지기 용기에 목초우가루, 마른 멸치, 밥새우를 넣어줍니다.

2 김을 손으로 잘게 찢어 넣습니다. 만능다지기로 갈아주면 완성입니다.

3 유리병에 담아 냉장 보관합니다.

새로운 맛의 탄생

올리브오일 김 퓌레 (10회분량)

제가 사랑하는 식당인 '디라이프스타일키친'의 김퓌레 비빔밥에서 힌
트를 얻었어요. 올리브오일을 쉽게 먹일 수 있는 가장 좋은 방법이기도
해요. 구운 고기, 찹샐러드, 콜리플라워 라이스로 만든 볶음밥 등에 소
스로 활용해보세요.

재료

• 무조미 김 1봉지
• 하루견과 1봉
• 올리브오일 10T
• 소금 1/4t

1 파워블렌더 용기에 김을 잘게 잘라 넣습니다.

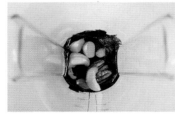

2 1에 견과, 올리브오일, 소금을 넣습니다.

3 파워블렌더로 갈아주면 완성입니다.

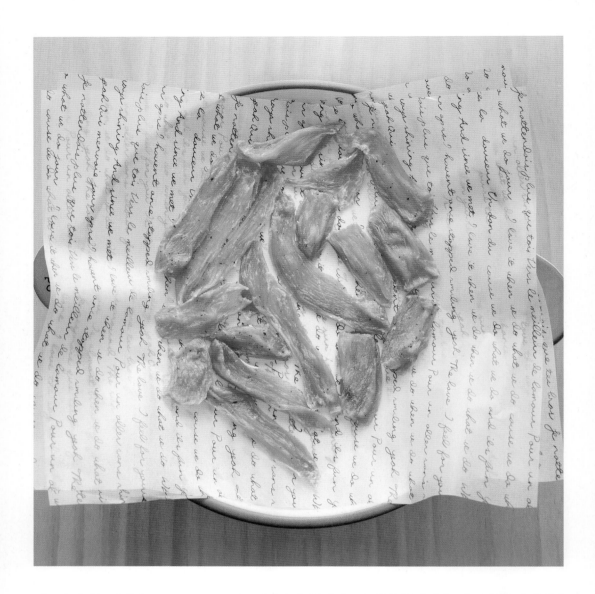

자꾸 손이 가는 단백질
닭가슴살 육포

(1일 1회, 5일 분량)

지인이 닭가슴살 육포를 만들었다며 먹어보라고 주었는데, 맛있어서 깜짝 놀란 적 있습니다. 비법은 식품건조기에 말린 게 다라고 했습니다. 그렇게 우주의 건강 간식이 하나 탄생했습니다. 엄마, 아빠가 일하며 육아하며 자주 찾는 간식이기도 하고요!

재료

- 닭가슴살 240g(한 팩)
- 소금 0.2g(한 꼬집)
- 후추 0.2g(한 꼬집)

1 닭가슴살을 1~1.5cm 두께로 자릅니다. 닭가슴살의 결대로 썰어야 잘 썰립니다. 칼질할 때 다치지 않게 주의하세요!

2 1의 앞뒤로 소금과 후추를 솔솔 뿌려줍니다. 후추는 생략해도 좋습니다.

3 식품건조기에서 70℃에 5시간 건조합니다.

4 아이가 먹기 좋은 크기로 자릅니다. 남으면 유리 용기에 담아 냉장 보관합니다.

고기 안 먹는 아이 간식
목초우비프칩

5회 분량

비프칩은 초지 방목 목초우를 얇게 저며 약간의 식초와 소금만 추가하여 저온에서 바삭하게 말린 건강 간식이에요. 아이가 어리다면 잘게 부수어 손가락으로 집어 먹게 하거나 잘 씹는 아이라면 손으로 들고 먹게 해요.

🪐 우주맘 TIP

* 그릴 망에 고기를 펼쳐 놓을 때 접히거나 뭉치는 곳이 없도록 해주세요. 소금 식초물이 골고루 발려야 맛이 균일해서 좋습니다. 숟가락이나 손을 이용하기보다 주방용 붓으로 발라주세요.
* 비프칩에 과카몰리(214쪽)를 얹어 카나페로 만들어 먹기도 하고, 파르미지아노 레지아노 치즈를 올려 먹어도 맛있습니다. 우주는 무염버터를 비프칩 사이에 끼워주면 비프칩 샌드위치라며 매우 잘 먹습니다.
* 완성된 비프칩을 파워블렌더로 곱게 갈아 목초우가루를 만들어 음식에 뿌려주면 잘 먹습니다.

재료

* 부채살(슬라이스 된 것) 250g
* 소금 4g
* 애플사이다비니거 20g
* 후추 0.2g(한 꼬집)
* 생수 20mL

1 부채살의 가장자리에 질긴 부위를 가위로 제거합니다.

2 그릇에 소금, 애사비, 생수를 넣고 잘 섞어 소금 식초물을 만듭니다.

3 식품건조기 망 위에 1을 올린 뒤 앞뒤로 2의 소금 식초물을 골고루 바릅니다.

4 후추는 한 면에 살짝 뿌립니다. 이 과정은 생략해도 좋습니다.

5 식품건조기에서 70℃에 9시간 건조합니다. 유리 용기에 담아 냉장 보관합니다.

초고속 건강 간식 완성
초코 컵케이크

(1회분량)

전자레인지에서 1분 30초만 돌리면 완성되는 초간단 컵케이크를 소개합니다. 비주얼이 훌륭하다 할 수는 없지만 코코넛가루와 카카오가루의 궁합이 참 좋습니다. 간식은 궁한데 뭘 해줘야 좋을지 모르겠을 때, 엄마가 바쁠 때 휘리릭 만들어서 주면 잘 먹어요.

재료

- 코코넛가루 1T
- 카카오가루 1t
- 기버터 1t
- 달걀 1개
- 나한가 2t
- 소금 0.2g(한 꼬집)

1 전자레인지 용기에 코코넛가루, 카카오가루, 기버터, 달걀, 나한가, 소금을 넣습니다.

2 미니거품기를 이용해 골고루 섞어줍니다. 젓가락으로 젓는 것보다 컵케이크가 보기 좋게 완성됩니다.

3 전자레인지에서 1분 30초 돌립니다.

4 컵케이크의 가운데를 젓가락으로 찔러 내용물이 묻어나지 않으면 완성입니다.

5 생크림을 올려 먹으면 맛있습니다.

믹스, 밀가루, 설탕 없는

아몬드 와플

2조각

아이에게 혈당 걱정 없이 먹일 수 있는 와플이에요. 코팅된 와플 팬으로 조리하고 감미료도 들어가니 마음 놓고 자주 먹이는 것은 아니지만, 밖에서 먹는 설탕 범벅 밀가루 와플보다 수백 배 낫죠. 아이가 빵을 먹고 싶어 할 때 빠르게 만들어줄 수 있어 좋아요.

재료

- 아몬드가루 8T
- 나한가 1t
- 달걀 2개
- 소금 0.2g(한 꼬집)
- 코코넛오일 2t

1 볼에 아몬드가루를 넣고 거품기로 잘 풀어줍니다. 체에 거르는 것보다 거품기 사용이 더 편리합니다.

2 1에 나한가, 달걀, 소금을 넣습니다.

3 거품기로 잘 섞어줍니다.

4 뭉치는 곳 없이 부드러운 질감이면 반죽이 완성됩니다.

5 와플 팬 양면에 코코넛오일을 골고루 발라줍니다.

6 와플 팬에 4의 반죽을 붓고, 한 면당 4~5분 구워줍니다.

7 팬을 뒤집어 반대쪽도 4~5분 구워줍니다.

8 적당히 노릇해지면 완성입니다. 생크림을 올려 먹으면 맛있습니다.

아이와 함께 만들어요
마카다미아 쿠키

20개

냉장 보관하다 하나씩 꺼내 먹이거나 외출할 때 간식으로 좋아요. 우주는 반죽 단계부터 아빠와 함께 조물조물하며 원하는 모양을 만들곤 하는데, 아이에게 정서적으로 좋을 것 같아서 함께 쿠키 만들기 놀이를 하곤 해요. 여러분도 아이와 함께 만들어보세요!

재료

- 아몬드가루 250g
- 마카다미아 분태 100g
- 무염버터 160g
- 달걀 1개
- 애플사이다비니거 15mL
- 나한가 10g
- 소금 1g
- 베이킹소다 3g

1 버터와 달걀을 실온에 1시간 미리 꺼내 둡니다.

2 볼에 아몬드가루를 넣고 거품기로 잘 풀어줍니다. 체에 거르는 것보다 거품기 사용이 더 편리합니다.

3 깊은 볼에 버터, 나한가, 소금, 베이킹소다를 넣습니다. 핸드믹서로 밝은 상아색이 될 때까지 풀어줍니다.

4 3에 달걀, 애사비를 넣고 핸드믹서로 잘 섞은 뒤 2와 분쇄된 마카다미아를 넣고 주걱으로 잘 섞어줍니다.

5 잘 뭉치는 질감이면 반죽이 완성입니다.

6 반죽은 유리 용기에 넣어 1시간 냉동 보관합니다.

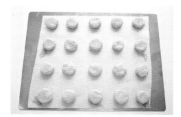

7 반죽을 꺼내 비슷한 크기로 떼어 둥글게 쿠키 모양을 만듭니다.

8 185℃로 예열한 오븐에 15분 구우면 완성입니다. 컨벡션 오븐과 에어프라이어는 175℃에서 굽습니다.

매일 챙기는 장 건강

코코넛크림
요거트

(1일 1회, 일주일 분량)

윌리엄 데이비스는 도서 《내 장은 왜 우울할까》에서 특별한 요구르트를 소개합니다. 장내 환경을 개선하는 데 크게 도움되지 않는 프로바이오틱스 영양제 대신 집에서 만든 요구르트로 장 건강을 돌보라고 추천하는데요. 저는 레시피를 변형해 요거트 형태로 만들어 먹습니다. 우유나 요거트의 훌륭한 대안으로 추천합니다.

＊ '프로불린Probulin 토탈케어 프로바이오틱' 영양제는 아이허브 같은 직구 사이트에서 쉽게 구할 수 있어요. 이 눌린은 프리바이오틱스로, 쉽게 분해되지 않고 결장까지 도달하여 장내 유익균의 먹이가 되죠. 저는 첨가물 없이 유기농 가공 식품 인증을 받은 '위드바인' 제품을 사용합니다.

＊ 유청분리기에 보관하는 시간이 길어질수록 요거트는 더 단단하고 꾸덕해집니다. 저는 반나절 분리했더니 적당히 크리미해서 아이가 먹기에 좋았어요. 아침 식사나 간식으로 하루에 한 번, 1T씩 주고 있습니다.

재료

- 코코넛크림 1L
- 이눌린가루 2T
- 프로불린 토탈케어 프로바이오틱 1캡슐

1 전자레인지나 오븐용 유리 용기에 코코넛크림을 부어줍니다.

2 1에 이눌린가루를 넣고 핸드블렌더로 고루 섞어줍니다. 이때 크림을 잘 풀어야 요거트가 뭉치는 현상을 막을 수 있습니다.

3 2에 영양제 캡슐을 열어 가루를 넣고 골고루 잘 섞어줍니다.

4 용기 위를 키친타월로 덮고 사방을 테이프로 붙여줍니다.

5 식품건조기나 발효기에 넣고 41℃에서 36시간 발효합니다.

6 스테인리스 유청 분리기에 5를 붓고, 반나절 정도 냉장 보관합니다. 유청분리기에서 내용물이 샐 수 있으니 밑에 받침대를 받쳐둡니다.

7 완성된 요거트는 유리 용기에 담아 냉장 보관합니다. 물이 생기면 잘 섞어 먹습니다.

특별한 날 더욱 건강하게

바스크
치즈케이크

원형 1호 케이크 한판

우주뿐만 아니라 우주 할아버지, 할머니까지 모두 사랑하는 특제 바스크 치즈 케이크예요. 유제품이 들어가서 마음 놓고 먹이는 건 아니지만, 아이 생일이나 케이크가 먹고 싶은 날에 밀가루와 설탕이 잔뜩 들어간 케이크를 대신하여 입을 즐겁게 해주는 고마운 간식이지요.

🪐 **우주맘 TIP**

케이크는 만들고 바로 먹는 것보다 냉장고에 하루 보관했다가 차갑게 먹는
게 훨씬 맛있어요. 얼렸다 냉장 해동해도 맛이 좋으니 하루 날을 잡고 많이
만들어서 소분해 얼리면 하나씩 꺼내 먹이기 좋습니다.

재료

- 크림치즈 400g
- 나한가 20g
- 소금 1g
- 달걀 2개
- 목초우 휘핑크림 100g

1 크림치즈는 실온에 두어 말랑해지게 합
니다. 볼에 크림치즈, 나한가, 소금을 넣고
핸드믹서로 잘 풀어줍니다.

2 1에 달걀 1개를 넣고 핸드믹서로 잘 섞
은 뒤 주걱으로 가장자리를 긁어줍니다.

3 2에 남은 달걀을 넣고 핸드믹서로 잘 섞
어줍니다. 주걱으로 가장자리를 긁어주고
핸드믹서로 한 번 더 섞어줍니다.

4 3에 휘핑크림을 넣습니다.

5 주걱으로 잘 섞습니다. 이때 가장자리에
묻은 반죽도 잘 섞이도록 주걱을 이용해 가
운데로 모아가며 저어줍니다.

6 원형 1호 틀에 종이호일을 깔고 반죽을
부어줍니다. 젓가락으로 반죽을 한번 휘저
어 공기를 빼줍니다.

7 210℃로 예열한 오븐에 25~30분 구워
주면 완성입니다. 컨벡션 오븐과 에어프라
이어는 200℃에서 굽습니다.

8 실온에서 1~2시간 식히고 냉장고에 하
루 보관하여 차갑게 먹어야 맛있습니다.

크런치 재료

- 아몬드가루 100g
- 목초우 휘핑크림 20g

필링 재료

- 목초우 휘핑크림 160g
- 크림치즈 200g
- 나한가 10g
- 소금 1g
- 젤라틴가루 4g
- 생수 16mL
- 레몬 주스 24g

상큼한 아이스크림 케이크

레몬 레어 치즈 케이크 (4회 분량)

한여름의 아이스크림이 하나도 부럽지 않은, 상큼한 레어 치즈 케이크를 집에서도 만들 수 있어요. 밀가루와 설탕 없이 맛있는 고급 디저트를 말이죠. 저는 나들이 갈 때 하나씩 들고 가기도 하고, 손님에게 대접하기도 합니다.

🍪 크런치 만들기

1 오븐을 170℃로 예열합니다.

2 볼에 아몬드가루를 넣고 거품기로 잘 풀어줍니다. 체에 거르는 것보다 거품기 사용이 더 편리합니다.

3 1에 목초우 휘핑크림을 담아 주걱으로 잘 섞고, 손으로 꾹꾹 눌러 반죽을 만듭니다

4 오븐 팬에 종이호일을 깔고 3의 반죽을 0.5cm 두께로 펴줍니다.

5 예열된 오븐에 넣고 가장자리가 짙은 갈색이 되도록 15~20분 굽습니다.

6 유리 용기에 넣고 냉동실에서 30분 이상 식혀줍니다.

필링 만들기

1 크림치즈를 실온에 2시간 이상 꺼내둡니다. 또는 뚜껑을 덮은 채 전자레인지에 넣고 30초씩 2번에 걸쳐 말랑하게 만듭니다.

2 깊은 볼에 목초우 휘핑크림을 담고 핸드믹서를 이용해 단단한 질감으로 만듭니다.

3 또 다른 볼에 1의 크림치즈, 나한가, 소금을 넣고 핸드믹서로 완전히 풀어줍니다. 덩어리를 완전히 풀어주는 것이 중요합니다.

4 전자레인지용 유리 그릇에 젤라틴가루와 생수를 잘 섞고, 전자레인지에서 10초씩 2~3번에 걸쳐 완전히 녹여줍니다.

5 3의 크림치즈 혼합물을 1/2T 덜어 4에 넣고 잘 섞어줍니다. 젤라틴 물을 크림치즈에 섞을 때 덩어리지지 않게 하기 위함입니다.

6 5의 젤라틴 물을 3에 넣고 핸드믹서로 잘 섞어줍니다.

7 6에 2의 휘핑크림을 넣고 주걱으로 섞어줍니다.

8 7에 레몬 주스를 넣고 주걱으로 잘 섞어줍니다.

1 만능다지기 용기에 냉장고에 잘 식혀둔 크런치를 넣고 부수어줍니다. 가장 큰 입자가 쌀알 크기가 되도록 합니다.

2 버터 20g을 뚜껑을 덮은 채 전자레인지에서 15초씩 끊어 돌리며 완전히 녹입니다. 1에 녹인 버터를 넣고 잘 섞어줍니다.

3 200mL 유리 용기에 2를 30g 담고 꾹꾹 눌러줍니다.

4 이 위에 짤주머니나 숟가락을 이용해 필링을 100g 담아줍니다.

5 냉장고에 3시간 이상 보관하여 차갑게 만들면 완성입니다.

🪐 **우주맘 TIP**

아이가 좋아하는 젤리를 집에서 만들거나 수프나 파이 등을 걸쭉하게 만들 때 쓰는 젤라틴가루도 가급적 건강한 원재료를 쓰는 것이 좋겠지요. '퍼더푸드Further Food' 사의 젤라틴가루는 목초를 먹여 방목한 소의 콜라겐에서 채취한 것을 사용합니다.

🪐 **우주맘 TIP**

* 비타민C는 우리 몸에서 만들어내지 못하기 때문에 음식으로 섭취해야 하는 미량영양소예요. 부족한 양은 영양제로 챙겨야겠죠. 분말형 비타민C를 고를 땐 중국산이 아니라 영국산으로 선택해주세요. 유튜브 '유리네 약국' 신유리 약사에 의하면 중국산의 경우 불순물이 제거되지 않는 경우가 많다고 해요. 저는 '위드바인' 제품을 사용합니다.
* 비타민C를 사용한 레시피는 만든 즉시 먹여야 합니다. 오래 두면 산화되므로 아이가 먹기 직전에 만들어주세요.

비타민C 한가득

코코넛 요구르트 1컵

시판되는 어린이용 비타민C는 신맛을 잡기 위해 여러 첨가물을 넣어요. 그래서 제가 추천하는 진짜 비타민C는 흡수가 좋은 분말형이면서 굉장히 셔요. 그래서 이 레시피를 개발하게 되었지요. 새콤달콤한 맛이 꼭 요구르트 같은데 한 컵 마시고 나면 비타민C를 충분히 채울 수 있는 대단한 음료입니다.

재료

* 코코넛밀크 50g
* 생수 50mL
* 분말형 비타민C 1~1.5g
* 이눌린가루 1~1.5g

1 500mL 컵에 코코넛밀크와 생수를 넣고 섞습니다.

2 1에 비타민C 분말, 이눌린가루를 넣어줍니다.

3 미니거품기나 머들러를 이용해 잘 풀어가며 섞어줍니다. 이눌린이 쉽게 떡지기 때문에 꼼꼼하게 풀어주어야 잘 섞입니다. 만든 즉시 먹여주세요.

🪐 **우주맘 TIP**

* 편의상 코코넛밀크의 용량을 표기했지만 사실 정해진 양은 없어요. 코코넛밀크가 많으면 꿀꺽 삼키기 쉬운 부드러운 질감이 되고, 코코넛밀크가 적을수록 좀 더 꾸덕한 식감이 되어요.
* 비타민C는 아직 신맛이 익숙하지 않은 아이라면 0.5g부터 시작하여 서서히 늘려주고, 장이 약한 아이라면 이눌린을 먹고 처음엔 설사할 수 있으니 0.5g부터 시작해보세요.
  좀 더 고소한 맛을 원한다면 아이에게 알레르기를 유발하지 않는 견과류를 소량 넣어도 좋습니다.

한컵으로 원기 충전

아보카도 스무디 1컵

비타민C를 먹일 수 있는 또 하나의 레시피를 소개합니다. 더운 여름날 원기를 충전해줄 음료 역할을 톡톡히 하면서 영양도 듬뿍 채워주는 보물 같은 메뉴지요. 제가 임신 전부터 먹어온 아보카도 스무디를 아이가 먹을 수 있도록 살짝 변형했습니다.

재료

• 냉동 아보카도 3~4T
• 코코넛밀크 약 200mL
• 분말형 비타민C 0.5~1g
• 이눌린가루 0.5~1g

1 파워블렌더 용기에 아보카도와 코코넛밀크를 넣습니다.

2 1에 비타민C 분말과 이눌린가루를 넣습니다.

3 파워블렌더로 1분 갈아줍니다. 뻑뻑해서 갈리지 않는다면 코코넛밀크를 추가합니다. 만든 즉시 먹여주세요.

곁들임

아이 입맛 돋우는 아삭함
레몬 오이 절임

일주일 분량

우주맘 레시피 중에서 가장 인기가 많은 반찬 중 하나예요. "그렇게 밥 안 먹더니 이거 먹고 입맛이 도나봐요. 밥태기가 끝났어요!"와 같은 피드백을 많이 받은 반찬이랍니다.

🪐 **우주맘 TIP**

레몬즙은 아이마다 기호가 달라 양을 정하기가 어려워요. 티스푼 단위로 조금씩 넣어가며 맛보거나 아이에게 맛 보여주면서 양을 조절해봐요. 우주는 신맛을 아주 좋아하는 아이여서 1T를 넣습니다.

재료

- 오이 2개
- 레몬즙 1/2T
- 천연조미료 1/2t
- 소금 1t

1 오이를 반을 갈라 씨를 빼고 3mm 두께로 썰어줍니다.

2 볼에 1을 담고 소금을 뿌려 30분 절여줍니다. 물 한 컵을 붓고 잘 섞으면 좀 더 빠르게 절여집니다.

3 절인 오이는 손으로 꾹 눌러 물기를 짜줍니다.

4 레몬즙과 천연조미료를 넣고 잘 버무리면 완성입니다.

장내 유익균을 춤추게 하는
발효 채소

500mL 유리병 2개

만들기 복잡한 백김치 대신 간단하게 만들 수 있는 발효 채소를 소개해요. 이 레시피는 《내 장은 왜 우울할까》에 소개된 것인데요. 채소와 물, 그리고 소금만 있으면 되어 바쁜 엄마들에게 아주 고마운 레시피죠. 우주는 이 발효 채소의 국물까지 벌컥벌컥 마실 정도로 좋아하는데요. 장내세균들이 좋아할 걸 생각하면 얼마나 고마운지 몰라요.

재료

- 아스파라거스 2줄
- 빨간 파프리카 1/2개
- 알배추 2~3장
- 양파 1/2개
- 당근 1/2개
- 소금 1과 1/2T
- 애플사이다비니거 2~4T
- 생수 500mL

🪐 우주맘 TIP

* 다양한 채소를 사용하는 것이 좋습니다. 채소의 색깔을 다양한 것으로 구성한다면 식물 에너지라 불리는 파이토케미컬phytochemicals의 이점을 색깔별로 누리기에도 좋지요. 미적 감각을 발휘해 예쁘게 만들어보세요.
* 잘 익은 발효 채소를 아이에게 반찬으로 줄 때는 양파가 잘 익었는지 엄마가 꼭 먼저 먹어서 확인해보세요. 간혹 양파가 덜 익어 매울 때가 있습니다. 걱정된다면 양파는 빼도 상관없어요.

1 아스파라거스, 파프리카, 알배추, 양파, 당근을 아이가 먹기 좋은 크기로 자릅니다.

2 끓는 물로 소독한 유리병에 색깔별로 차곡차곡 담습니다.

3 볼에 생수를 붓고 소금을 넣어 빠르게 휘저어 소금이 모두 녹도록 잘 섞어줍니다.

4 2에 3의 소금물을 부어 채소가 모두 잠기게 합니다. 이때 물을 꽉 채우지 말고 위쪽에 약간의 여유를 남겨둡니다.

5 뚜껑을 느슨하게 닫고 상온에서 2일 발효합니다.

6 병당 애사비를 1~2T 넣고 뚜껑을 꽉 닫아 냉장 보관합니다. 익을수록 더 맛있습니다.

설탕 없는 진짜 피클의 맛
30분 피클

600mL 유리병 3개

식당에서 먹는 새콤달콤 맛있는 피클이 설탕 덩어리라는 것 알고 있나요? 신맛에 가려져 많은 설탕이 들어간다고는 생각할 수 없을 거예요. 처음부터 입에 단맛을 들이지 않는 게 중요하다고 판단해서 저는 감미료도 거의 넣지 않았어요. 단맛을 좋아하는 아이라면 감미료를 소량 넣다가 서서히 줄여보세요.

재료

• 오이 2개
• 무 1/5개
• 작은 양배추 1/2통
• 생수 600mL
• 애플사이다비니거 400mL
• 소금 1t
• 나한가 1~2t(선택)

1 오이를 겉을 깨끗하게 씻고 반을 갈라 씨를 뺀 뒤 아이가 먹기 좋게 잘라줍니다. 무를 깍둑썰기 합니다.

2 양배추를 한입 크기로 썬 뒤 물에 깨끗이 씻어 물기를 빼둡니다.

3 냄비에 오이, 무, 양배추를 담습니다.

4 1L 유리 계량컵에 생수, 애사비, 소금, 나한가를 넣고 빠르게 저어 잘 섞어줍니다.

5 4의 배합초를 3에 부어 채소가 자박하게 잠기게 합니다.

6 약불에서 따뜻함과 뜨거움의 중간 정도 온도를 유지합니다. 손을 담가 따뜻함을 살짝 넘어선 정도면 충분합니다. 또는 약불에 올려서 물방울이 뽀글 하고 올라오기 시작하면 바로 불을 끕니다.

7 한 김 식힌 뒤, 유리 용기에 담아 냉장 보관합니다.

건강한 포화지방이 듬뿍
과카몰리

2~3회분량

포화지방이 풍부해 숲속의 버터라 불리는 아보카도! 그냥 먹어도 맛있지만 상큼하고 아삭한 채소들과 함께 부드러운 과카몰리로 만들어주면 비프칩이나 고기 요리에 좋은 짝꿍이 되어요. 우주는 종종 간식으로도 먹습니다.

재료

- 후숙 아보카도 2개
- 작은 양파 1개
- 토마토 1개
- 애플사이다비니거 40g
- 소금 약간
- 버터 또는 올리브오일 약간

1 양파는 잘게 다진 후 버터를 두른 스텐 팬에서 투명해질 때까지 볶습니다. 꼼꼼하게 볶아야 아이가 매워하지 않습니다.

2 토마토는 씨를 빼고 잘게 다져줍니다. 끓는 물에 살짝 데쳐 껍질을 벗긴 후 사용하면 영양소 흡수가 더 잘 됩니다.

3 깊은 볼에 후숙이 잘 된 아보카도를 넣고 으깨줍니다.

4 3에 1, 2를 넣고 섞으면 완성입니다.

우주 식단으로
건강해진 아이들

저희 아이는 식탐도 많고 잘 먹는 아기예요. 그래서 떡뻥이며 간식이며 과일도 많이 줬는데 우주맘 님을 알고 나서는 흰쌀, 밀가루, 당분을 거의 안 주고 있어요. 그러고 나니 아이의 발달에 가속도가 붙는 걸 경험했어요. 아이가 양질의 식사를 하니 쉽게 배고파하지 않고 눈 밑에 두드러기처럼 올라오는 알레르기 반응도 줄었고요. 무엇보다 놀란 것은 어린이집에 다니는 아이인데 감기에 걸리거나 바이러스에 옮아도 열이 오르지 않아요. 가벼운 감기는 약 없이 거뜬히 이겨냅니다.

음식이 약이라는 말을 믿게 되었습니다. 우주맘을 알게 된 게 엄마인 저에게도, 저희 아이에게도 큰 행운이라고 생각해요. 질 좋은 간장과 된장, 핑크 소금으로 간해서 먹이고 있는데 아이가 정말 맛있게 잘 먹어요. 잘 먹어서 그런지 크게 아프지 않고 잘 크고 있어서 행복합니다.

_M******

똥손 엄마의 요리도 아이들이 맛있다 해주어 행복해요. 기본 재료들이 좋으니 아이들도 맛있게 잘 먹는 것 같습니다. 잔병치레 많이 하던 첫째는 건강하게 먹이고부터 병원에 안 가요. 비염도 많이 좋아졌습니다.

_S*******

'아기에게 좋은 음식만 먹여야지.' 하는 생각으로 유기농만 고집하다가 우연히 우주맘 님 계정을 발견했습니다. 고기의 중요성을 알고 우주 식단을 바로 적용해보았어요! 가장 먼저 유제품을 끊었습니다. 피부의 모공각화증이 심했던 저희 아이는 안 써본 로션이 없을 정도였거든요. 병원에서도 약은 따로 없고 보습 관리를 잘하라는 말뿐이었죠. 의사 선생님이 이것도 크게 보면 아토피라고 말하더라고요. '아토피면 유제품이 혹시 문제 될까?' 하고 우주맘이 말한 대로 유제품을 끊어보았더니 지금은 "피부가 어쩜 이렇게 보드라워!"라고 감탄할 정도로 좋아졌어요.

그리고 장 건강이 뇌 발달과 면역력을 좌우한다는 말에 우주 식단을 적용한 결과, 장염 걸리면 한 달은 가던 아이가 이제는 언제 그랬나 싶습니다. 그동안 아예 장염이 안 걸린 건 아니에요. 놀라운 것은 장염이 오래 안 간다는 사실입니다. 일주일이면 설사가 멈추고 예쁜 변을 봅니다. 한 달 이상 고생했던 게 이렇게 짧아지다니! 아이를 위해서 시작했던 우주 식단을 이제는 온 가족이 함께하고 있습니다.

_y*******

일주일 동안 어린이집을 보내고 나면 그다음 일주일은 아파서 집에서 쉬던 아이. 이제는 출석률 100%입니다. 우주맘 덕분입니다.

_t******

첫째가 두 돌쯤 우주맘 님을 알게 되었어요. 한창 유행하던 무염·저염식을 아침으로 주었죠. 각종 유제품과 오트밀에 과일을 듬뿍 주던 무지한 엄마에서 이제는 어느 정도 먹거리의 중요성을 알고 실천한 지 1년이 다 되어갑니다.

둘째가 태어나고 모유수유를 하고 목초우 퓌레로 이유식을 시작했어요. 목초우, 소금, 사골, 버터, 유기농 야채 등으로 만든 유아식을 큰아이도 같이 먹이면서 감기에 중이염을 달고 살던 아이는 병원에 가는 일이 줄었어요. 기관에서 유행하는 각종 질병도 쉽게 이겨내는 건강한 몸을 갖게 되었습니다.

둘째는 말해 뭐 하나요? 매우 건강합니다. 아이에게 당연하게 먹였던 것들이 사실은 온갖 염증과 질병의 원인이었다는 걸 우주맘을 통해 알게 된 사실만으로도 천군만마를 얻은거나 마찬가지예요.

_k*********

변비였던 아이의 변이 윤기가 흐를 정도로 좋아져서 뿌듯합니다. 우주맘이 추천하는 식재료들은 첨가물 없이 좋은 것들로 만들어져서 가족들에게 식사를 만들어줄 때 마음이 참 뿌듯합니다. 덩달아 자연스럽게 간식을 끊게 되고 외식도 끊게 됐어요. 비싼 식재료를 쓰는데도 식비 지출이 훨씬 줄어들었어요. '몸에 염증을 일으키는 음식에 비싼 값을 치르고 있었구나.'라고 느꼈습니다.

_S********

유아식을 시작하면서 어떻게 해야 할지 갈피를 못 잡고 있었는데, 우주맘 님을 통해 잘못된 지식을 바로잡고 기준을 세우는 데 많은 도움을 받았어요. 바쁜 워킹맘이라 대충 사다 먹이고, 무염식을 고수하며, 비싼 유기농을 먹이는 건 유난이라며 하마터면 아무거나 먹일 뻔했습니다. 늘 일과 육아에 치이는지라 다른 건 많이 신경 못 쓰지만, 아이 먹는 것 하나만큼은 최선을 다하고 있습니다.

_k******

아이가 엉덩이 쪽이 아프다고 하는데, 누군가 무염이 원인일 수 있다고 했어요. 혹시 엄마가 저염식 하는 거 아니냐는 말을 듣고 고민하다가 우주맘 님의 인스타그램 계정을 알게 됐어요. 그 뒤로 아이의 무염 토핑 이유식을 지금의 목초우 퓌레와 유아식 레시피로 바꾸었죠. 기버터, 목초우, 사골, 채소로 만들어진 식단이요.

아이가 밤마다 식은땀을 너무 흘렸고 새벽에도 3번 이상은 배고프다고 깨서 수유해야 했어요. 이유식을 두 끼 먹여도 분유를 1,000mL씩 먹는 아이였죠. 저희 친정 엄마는 곡물을 안 먹이는 게 말이 되느냐면서 닭죽과 전복죽을 권했지만 쌀죽은 먹이지 않았어요. 그런데 그 보상을 받았습니다. 아이가 생후 316일 되던 날, 예방접종 받으러 간 김에 키와 체중을 쟀는데요. 건강하고 키도 잘 자라고 있었습니다.

무엇보다 제가 만든 걸 먹이면 적은 양을 먹어도 배부른지 간식을 달라고 울지 않아요. 요새는 식재료를 살 때 첨가물이 뭐가 들어갔나 살펴보게 되고요. 앞으로도 우주맘이 좋다는 건 모방해서 먹일 거예요.

_f*************

우주네 목초우 퓌레로 밥태기 왔을 때 도움 많이 받았어요. 아이 건강 절대 지켜!!

_i******

저희 아이가 다니는 어린이집은 주 3회 우유가 간식으로 나와요. 우유가 오히려 칼슘을 빼앗고 성조숙증을 일으킨다는 우주맘 님의 말을 듣고 직접 무농약 non-GMO 서리태를 구매해서 두유를 만들어 대체품으로 보내고 있어요. 우유에 대한 정확한 정보 감사합니다.

_j*********

첫째 아이는 지금 두 돌인데, 작년에 돌 접종했다가 부작용으로 피부가 뒤집어졌어요. 그래서 연고와 온갖 보습제를 써봤는데 괜찮아지는가 싶다가도 안 좋아지기를 반복했어요. 그러다 우주맘 님을 알게 되고 근본적으로 식단을 바꿔야 한다는 것을 깨닫고 본격적으로 식단에 신경 썼습니다.

코코넛밀크로 만드는 코코넛 요구르트 레시피 덕분에 저희 딸이 비타민C를 매일 3g씩 먹고 있어요. 덕분에 감기에 안 걸린 지 몇 달 된 것 같습니다. 아토피 피부라 농가진도 두 번이나 걸렸는데 아토피 발진도 더는 올라오지 않고요. 건강한 음식을 먹고 부족한 부분을 보충해주는 영양제를 먹이니 아이가 점점 건강해지는 게 느껴져요.

우주맘의 정보들로 식탁을 채워나가니까 느리지만 꾸준히 변화하는 게 눈에 보였습니다. 올해 또 한 번 맞이한 여름에는 피부에 큰 트러블 없이 건강하게 지내고 있습니다. 확실히 식단을 신경을 덜 쓰거나 외식을 많이 하면 발진이 살짝 올라오기도 하지만 예전보다 훨씬 튼튼해졌다는 게 느껴져요. 이런 거 보면 엄마가 유난을 떨 수밖에 없는 것 같아요.

_d**********

시판 이유식을 완전히 거부하는 아이여서 요리할 줄도 모르던 제가 요리를 시작했습니다. 그러다 보니 먹거리에 관심이 생겼고, 식재료도 잘 챙기게 되었어요. 아이뿐만 아니라 희귀난치병 확진을 받은 남편과 저 자신도 챙길 수 있게 되었고요. 남편은 지독한 방귀 냄새부터 사라졌어요. 아이는 대변을 볼 때 얼굴이 새빨개지도록 힘주었는데, 이제는 홀로 대변을 보고 와서는 "엄마, 똥!" 하고 말하네요. 우주맘을 알고부터 우리 가족의 건강도 지키고 마음도 튼튼해지는 것 같아 감사합니다.

_m*****

12개월 아이를 키우는 엄마입니다. 저는 작년에 38세를 한 달 앞두고 아기천사를 만났습니다. 여러 가지 상황으로 친정에 머물며 아이를 키우는데요. 극심한 젖몸살로 완분 아기로 길렀고, 시판하는 이유식을 사 먹이는 못난 애미였습니다. 예민한 기질의 아이라 제가 곁에 없으면 낮잠을 안 자서 지금껏 아이가 잘 때 뭘 해본 적이 없어요. 여태 통잠도 아직입니다.

아이가 4개월쯤 감기에 걸려 코를 흘리고, 기침을 했습니다. 병원을 다녀오고 약을 먹어도 증상이 멈추진 않더라고요. 배우자도 기관지가 좋지 않아서 닮았나 보다 했어요. 한 번 증상을 보이고 난 후로는 종종 잔기침을 했습니다.

워낙 분유도 잘 안 먹는 아이라 체중도 적었고 병원에서 더 먹이라고 압박 아닌 압박에 스트레스를 받다가 우주맘 님을 알게 되었습니다. 시판 이유식에다 다양한 채소와 질 좋은 고기를 듬뿍 추가하기 시작했습니다. 후기 이유식으로 넘어가면서 제가 목초우 퓌레를 만들어 먹이기 시작했는데요. 3달 내내 하루도 거르지 않고 아침은 무조건 목초우 퓌레를 주었더니, 어느 순간 잔기침을 안 해요. 정말 신기했어요. 첫 감기 이후 잦은 기침과 종종 찾아오는 코감기가 최근엔 없었습니다. 돌 치레인지 열이 나고 편도가 붓기도 했지만 아이가 건강히 잘 이겨냈어요. 배우자도, 양가 부모님도 입을 모아 먹는 게 이렇게 중요하다며 그렇게 신경 쓰더니 아이가 건강해졌다고 격려와 칭찬을 아끼지 않으셨습니다.

좋은 고기와 채소도 많이 먹이지만, 올리브오일과 버터가 우리 아이 최애 간식입니다. 요새는 키도 크고 체중도 늘어 아주 튼튼한 아이가 되었어요. 저체중이던 아이가 처음 6kg 넘었을 때는 의사 선생님도 엄청 좋아할 정도였습니다. 우주맘처럼 완벽하진 않지만, 제 상황에 맞게 매일 노력하고 있습니다. 그리고 자연스럽게 아이의 이유식과 유아식을 준비하면서 저도 함께 먹다 보니 저와 아이 둘 다 면역력이 많이 좋아졌어요.

_j*******

저희 가족은 감기에 걸리면 병원부터 달려갔습니다. 지금은 질 좋은 음식들과 소금, 사골, 비타민 등으로 약 없이 감기를 이겨내고 있어요. 약은 꼭 필요할 때 쓰는 것, 좋은 음식이 면역력을 좌우한다는 것을 알려주어서 감사합니다. 나쁜 음식을 가려 먹고 좋은 음식을 챙겨 먹는 '바른 편식'을 배웠습니다. 덕분에 아이와 저의 아토피, 건조증이 없어지고 삶의 질을 올릴 수 있게 되었어요.

_S****

아이가 이유식을 시작할 무렵에 우주맘 님을 알게 되어 건강한 식단으로 아이를 키울 수 있었어요. 우주 식단을 한 결과 감기 한 번 걸리지 않았고요. 키와 몸무게가 상위 1%인 면역력 강한 17개월 남아로 성장했답니다. 추천해주는 식재료 덕분에 가족이 모두 건강해졌습니다.

_c*******

아이에게 과일을 먹이지 말라고 하기에 처음에는 충격받았습니다. 지금은 간식도, 식사도 어떻게 해주어야 아이에게 건강한지 알게 되었어요. 그동안 기름도 뭐가 좋은지 모른 채 썼는데 말이죠. 저희 첫째는 달걀 알레르기가 심했는데, 이제는 달걀도 잘 먹는 아이가 되었습니다. 식단을 항상 잘 지키지는 못하지만, 아는 만큼 잘 챙겨줄 수 있는 엄마가 되었습니다.

_p***

"힘든데 그렇게까지 하는 이유가 뭐야?", "대충 먹여도 아기들은 알아서 잘 커." 유난스럽다는 말을 들으면서도 지금까지 우주맘 님이 가르쳐준 방식대로 탄수화물을 줄이고 목초우를 먹이려는 노력을 하고 있어요. 아이가 돌 때 폐렴에 걸려 입원한 후로 단 한 번도 아이가 아파서 처지거나 고열이 나쁜 적이 없습니다.

어린이집에 다니는 아이인데도 콧물, 감기 외에는 아픈 적이 단 한 번도 없다 하니 모두들 얼마나 잘 먹이면 그렇게 건강하냐고 묻는데요. 그 말이 왜 이리 기분이 좋던지요. 한 번은 30분 정도 열나서 다음날 혹시나 하는 마음에 병원에 가니 의사 선생님이 해열제 없이 열이 그렇게 빨리 떨어졌다면 아기가 면역력이 좋아서라는 말에 우주맘 님이 생각나더라고요.

아이가 과일을 너무 좋아해서 아예 안 줄 수는 없고 줄이고 있는데요. 모발검사에서 인슐린 과다가 나와서 잠시 절망에 빠졌어요. 끝까지 우주맘이 추구하는 방향대로 따라 보려 합니다. 덕분에 뱃속에 있는 둘째는 더 건강하게 키울 자신이 생겼어요!

_k***

각종 알레르기와 아토피, 피부 트러블을 달고 살고 밤에 가려워서 잠 못 자던 아이가 피부가 깨끗해지고 숙면을 취하고 있어요.

_h*******

20대부터 건강에 워낙 관심이 많았고, 육류를 좋아하지 않아서 채식 위주의 식단으로 많이 먹었어요. 그러다 우주맘 님을 통해 육류에 대한 인식이 바뀌었습니다. 좋은 육류가 무엇인지, 동물성 지방이 얼마나 중요한지 알게 되었죠. 엄마가 공부하고 식탁이 바뀌어야 가정이 변화한다는 것을 몸소 깨닫는 중입니다.

_m*********

어떻게 하면 더 건강하게 키울 수 있을까 고민했습니다. 그러다 좋은 지방이 몸에 참 중요하다는 것을 알게 되었습니다. 우연히 본 우주맘의 피드가 제가 원했던 식단과 육아의 방향성과 잘 맞아떨어졌습니다. 그 이후로 저희 아이들에게 적용해볼 수 있는 식단들을 따라 만들어보고 식재료도 바꾸어나갔어요.

기버터에 소고기, 난각번호 1번란을 구워주면 정말 잘 먹어요. 소금도 팍팍 쳐서 줍니다. 그리고 우주 식단을 제게도 적용해보니 2달 동안 6kg 정도 감량했어요. 남편은 7kg 감량했고요. 우리 가족은 출출할 때마다 기버터 바른 비프칩을 먹습니다. 덕분에 저희 가족은 좋은 지방, 좋은 소금을 먹으며 점점 더 건강해지고 있습니다.

_y*****

저는 13개월 아이를 키우고 있는 엄마입니다. 이유식을 처음 시작할 때 운 좋게 우주맘 채널을 알게 되어서 최대한 따라 하려고 노력했습니다. 목초우, 야채 위주의 식단, 목초우 퓌레…, 이렇게 이유식을 진행해왔습니다. 다른 엄마들이 비타민 보충을 위하여 과일을 먹이고 탄수화물 위주의 간식과 식사를 챙겨주는 걸 보면서도 저는 묵묵히 제 갈 길을 갔습니다.

돌 치레 한 번 없이 아프지 않고 자라는 아이를 보며 '나의 노력이 빛을 보는 건가?' 하는 생각이 들고 이런 좋은 정보를 제공해준 우주맘에게도 감사의 마음이 드네요. 아이가 곧 어린이집에 입소하면 지금처럼 삼시 세끼 제가 원하는 대로 먹일 수는 없지만 집에서만큼은 최대한 건강하게 차려줄 예정입니다.

_o***

열심히 육아하고 있지만 어딘가 부족하지는 않을까 하는 게 엄마 마음인 듯합니다. 우주맘 덕분에 우리 아이가 많이 건강해졌어요. 돌 즈음 연달아 세 번 입원하며 한

계절을 병원에서만 보내던 아이가 지금은 친구들 사이에서 키도 크고 건강해 보인다는 이야기를 참 많이 들어요. 식단의 힘을 뼈저리게 느낍니다.

_5****

우연히 피드 보고 식재료를 싹 바꾸면서 우연인지 식재료 덕분인지는 모르겠지만 두 돌 지나고 아이가 말이 트였어요. 지금 웬만한 초등학생보다 말을 잘하는 수준이에요. 지나가는 사람들이 저희 아이를 보면 다들 말을 엄청 잘한다고 칭찬해요. 좋은 지방을 많이 먹인 결과라고 생각해요.

_d************

아이가 이유식을 시작하고 제가 복직하면서 시판을 먹이다가 우주맘 님을 만나고 새로운 세계를 알게 되었습니다. 모발검사를 하고 처참한 결과에 마음이 조급했지만 우주맘이 고른 식재료로 유아식을 만들어주고 두 번째 검사를 했는데 많이 좋아져서 얼마나 뿌듯했는지요.

　바쁘다는 핑계로 우주맘이 해주는 강의와 좋은 정보를 받기만 하고 주체적인 공부는 늘 부족해요. 하지만 아이가 15개월부터 시작해 25개월에 이르기까지 열심히 달려온 결과, 기관에 보내도 크게 아프지 않고 감기에 걸려도 스스로 이겨내니 얼마나 감사한지 몰라요. 아, 그리고 유아식을 바꾼 결과인지는 모르겠지만 아이가 말도 빠르고 인지도 무척 빨라요!

_&*********

우주맘이 지금 우리 집 밥상의 큰 틀을 마련해주었어요. 아침은 항상 과일과 오트밀을 먹이던 저였는데, 이제는 아이 식단에 많은 변화가 생겼습니다. 안 아플 수는 없겠지만 덜 아프고, 아프더라도 증상이 약하게 왔다가 가요.

_i******

이미 속세의 맛을 알아버린 7세 아들이지만, 같이 원재료명을 읽어보고 착한 음식을 찾아가며 먹으려고 해요. '키즈', '베이비', '유기농'이라는 말만 적혀 있으면 다 좋은 건 줄 알고 먹였던 무지한 엄마가 우주맘 덕분에 많이 변화했어요.

_s*****

항생제를 달고 사는 아이, 입 짧고 왜소한 아이를 키우는 엄마 입장에서 뭐든 잘 먹여서 살찌우고 싶었습니다. 나쁜 음식까지 권하며 먹게 한 저의 무지함을 깨닫게 되었어요. 이제는 우주맘이 나눠주는 정보를 적극 활용하고, 저 스스로 공부를 많이 합니다. 모든 분이 저와 같은 긍정적인 변화가 있기를 바라봅니다.

_h******

저희 아이가 돌 때쯤 우주맘 님을 알게 되었습니다. 걱정되는 마음에 모발검사를 진행한 결과 모든 미네랄이 불균형한 데다 만성 스트레스 상태로 나왔습니다. 예상하고 있었지만 정말 충격이었어요. 나름 잘 먹인다고 애썼는데…. 그래서 우주맘 피드를 하루에 10번도 넘게 드나들고 다른 자료들을 검색하면서 식단을 바꾼 지 어느새 1년이 넘었어요. 최근에 모발검사를 다시 했는데 아직 완벽한 균형은 아니지만 항목이 대부분 양호한 상태로 나왔습니다. 1년 전에는 '빠른 대사 유형'이었는데 지금은 '균형 대사 유형'으로 바뀌었어요.

저희 아이는 기관에 다니고 있고, 가끔 너무 힘들 때 완벽하게 식단 구성을 못할 때도 있어요. 그래도 집에서만큼은 지키려고 애썼더니 결과가 보답해주더라고요.

_s*******

고기가 성장기 아이에게 좋다는 것만 알았지, 목초우가 있다는 사실도 처음 알았고 좋은 지방을 듬뿍 먹여야 한다는 것도 새롭게 알았어요. 변비가 심해서 울면서 변 보던 아이가 이제는 하루에 한 번씩 규칙적인 배변 활동을 하고 있습니다.

한 번은 남편이 밖에서 독감에 걸려와서 저도 옮았는데요. 제가 확진받기 전까지 아이와 스킨십하고 엄청 부비며 지냈는데 아이는 독감에 안 걸렸어요. 이게 다 건강하게 먹여서 면역력이 튼튼하다는 증거겠죠?

_m********

아기에게 버터를 먹인다는 피드를 보고 얼마나 놀랐는지요. 아이에게 모발검사를 하고, 새로운 식단을 받아들이고, 음식에 대한 잘못된 상식을 깨기까지 매우 오래 걸렸지만 그 높은 벽을 넘었습니다. 우주맘 님 덕분에 이렇게 올바른 식습관을 가질 수 있게 되었어요.

지금 아이는 처음 모발검사를 받았을 때보다 미네랄 수치가 훨씬 좋아졌고 건강해요. 둘째도 너무 안 먹어서 걱정했는데 생각보다 수치가 나쁘지 않아서 저도, 아이도 차츰차츰 식단을 바꾸어나간 게 큰 영향이 있었을 것이라 확신해요. 혼자서 묵묵히 좋은 글을 올려주고, 따가운 시선에 무너지지 않고 달려주어서 감사합니다. 그 힘과 정성이 고스란히 느껴져 저도 혼자가 아니라는 생각으로 힘낼 수 있었어요.

_7******

저희 아기는 현재 25개월이고 우주맘을 알게 된 건 아이가 14개월쯤이었어요. 유아식에 들어서면서 버터를 먹는 것부터 입문했죠. 아이가 처음부터 거부감 없이 받아들인 덕분에 저희 집 식단이 많이 바뀌었습니다.

아이에게 유기농 채소, 초지 방목 소고기, 사골, 버터, 간장, 된장 등 모든 식재료를 골고루 먹였습니다. 그래서 그런지 저희 아이는 따로 영양제를 먹는 것도 없는데 "음식이 약이다." 하고 잘 먹고 잘 자라고 있습니다. 아토피가 심한 아이지만 이제는 국소적으로 발목이나 눈가에 올라오는 정도고요. 우주 식단 덕에 전신으로 안 퍼지고 이만한 거라고 생각합니다. 우주맘처럼 100% 완벽하진 않지만 그래도 재료만큼은 신경 쓰다 보니 배달 음식 안 먹게 되고 밥하는 재미가 있어요. 가족들이 잘 먹는 것 보면 보람도 느낍니다. 건강한 음식에 대한 기준을 잡고 나니 크게 벗어나지만 않아도 식단을 지속하게 되더라고요.

_i*********

첫째는 물 같은 변만 3년 넘게 보다가 우주 식단을 하고 황금 변을 보고 있어요. 둘째는 아토피 때문에 긁어서 생긴 자국이 사라졌습니다. 둘 다 내향적인 성격이 적극적이고 발랄해졌습니다. 가장 중요한 건 아이들이 거의 안 아파요! 첫째는 아팠다 하면 중이염으로 항생제만 3주씩 먹었는데, 감기 걸려도 가볍게 지나가고, 열도 거의 안 나고, 수족구에 걸려도 가뿐히 지나갑니다.

아이들이 아플까 봐 꽁꽁 싸매고 조심스럽게 키웠는데, 이제는 '애들이 아프면서 크는 거지.' 하면서 병을 이겨내고 면역력을 키우는 과정을 받아들이고 있습니다. 크게 아프지 않으니까요. "엄마의 음식 한 숟가락이 보약이다."라는 말을 온몸으로 깨닫고 있습니다.

_i***********

1년 전에 우주맘 님 계정을 알게 되고 제 삶은 참으로 많이 변했습니다. 결혼 8년 만에 찾아온 아기천사를 금이야 옥이야 사랑으로 돌봤지만, 평일에는 친정에 아이를 맡겨야 해서 제가 원하는 방향으로 아이를 일관되게 돌볼 수 없었습니다. 특히 이유식을 시작하며 시판 이유식이 최선이라고 스스로 다독이며 지냈어요. 4개월부터 잔기침하고 콧물이 나는 아이를 보고 엄마, 아빠를 닮아 비염이 있구나 생각했는데 후기 이유식으로 들어서면서 우주맘 계정을 정독하고는 이대로는 안 되겠다 싶었습니다. 식단을 조금씩 바꿔나갔습니다.

아침에 주던 오트밀을 목초우 퓌레로, 무항생제 한우를 초지 방목 소고기 또는 이베리코 베요타 돼지고기로 바꾸었습니다. 그리고 난각번호 1번란만 고집했더니 신기하게 아이가 잔기침하지 않고 콧물을 흘리지 않았습니다. 면역력 문제였던 거지요. 물론 올리브오일과 기버터, 보리간장 등 우주맘이 선택한 식재료는 전부 애용하고 있습니다. 엄마의 무지로 아이가 아팠던 걸 알고 아무리 힘들고 지쳐도 식단은 지켰습니다.

조부모님의 잔소리는 가볍게 넘기다가 지금은 설득에 성공했어요. 제가 신경 써서 아이가 건강해졌다고 인정해주셨거든요. 19개월인 지금은 감기 한 번 안 걸리는 건강하고 예쁜 아이로 자랐습니다. 아이가 건강해지고 보니 저 자신을 너무 돌보지 않아 몸이 망가졌더라고요. 아이를 돌보고 저를 돌볼 여유를 갖게 되어 지금은 몸도, 마음도 차차 행복해지고 있습니다.

_j********

우주맘 님을 알고 7개월 동안 세 아이와 병원에 한 번도 간 적이 없어요. 건강한 식단과 함께 우리 가족의 면역력을 팍팍 올리고 있습니다.

_3*********

26개월, 9개월 연년생 아들을 둘 키우며, 밥만큼은 제가 해 먹이고 있어요. 주변에서 유난이고 구태여 힘들게 산다는 안타까운 눈빛을 보내기도 해요. 하지만 잘 크고 있는 아이들을 보며 내가 틀린 건 아니구나 하고 위로받습니다. 가족의 건강보다 값진 게 있을까요.

_y****

오랜 항생제 섭취로 인해 장 건강이 안 좋아진 아이에요. 우주맘을 보면서 아이의 장 건강을 관리하고 있습니다. 우주 식단을 하며 아이의 키도 5~6개월 만에 4cm가 컸습니다.

_u**********

아토피 있는 아이의 식단이 너무 막막했는데 우주맘 님이 한 줄기 빛이 되어주었습니다. 더 빨리 알았더라면 좋았을 텐데, 돌 이후부터라도 알게 되어 큰 축복이에요. 물론 알레르기와 습진이 가끔 올라오지만 현저히 좋아졌습니다.

_s*********

우주맘 님의 새로운 유아식 트렌드가 더 널리 퍼졌으면 좋겠어요. 예전에 우주맘과 상담한 이후 좋은 기름, 좋은 지방 먹이고 목초우 먹이면서 아이가 많이 건강해졌어요. 요즘은 면역력이 좋아졌는지 감기도 약 없이 2~3일이면 뚝딱 나아요.

_b********

아토피를 앓는 아이가 둘 있어 우주맘이 선택한 식재료를 사고 레시피를 매일 따라하는데요. 첫째는 정말 많이 좋아졌어요. 특히 최근 모발검사에서 완벽하진 않아도 괜찮은 소견을 받았고요. 첫째를 데리고 밖에 나가면 "얘가 어딜 봐서 아토피예요?"라는 말 많이 들어요.

_b******

아이가 잔병치레가 많고 비염이 심해서 고민이 많았는데, 목초우와 지방을 신경 썼더니 키가 쑥쑥 컸어요. 이번에 저희 부부는 기침감기가 심하게 걸려 골골했는데, 아이는 멀쩡해서 놀랐어요. 얼마 전에 열이 한 번 나기도 했지만, 해열제 없이 이겨냈습니다. 빵과 과자 등 간식에 제한을 두고 식단에 신경 썼더니 기존에는 병원을 일주일에 1~2번 꼭 방문했는데, 지금은 병원에 안 간 지 거의 1년이 다 되어가네요.

_l************

면역력 유아식 아이디어

유아식 고기 쌈장	사골 곰탕 볶음면	양념 비프칩

아이스크림	애호박 고기전	라드

미니 명태알 버터 구이	마파두부	문어 토마토 바질 소스 샐러드

최신 건강 정보

과일즙, 과일 주스
먹이지 마세요

감미료의 모든 것

우유를 안 먹이는 이유

살균 우유
피해야 하는 이유

성조숙증의 원인1

성조숙증의 원인2

매일 고기 먹여야 하는
진짜 이유

기관 다니는 아이 영양제

아이가 자주 아픈 원인

면역을 잃어가는 세상, 우리는 최선을 다하는 중입니다

아이의 건강을 위하는 길은 참으로 외롭습니다. 가공식품을 넘어선 초가공식품, 고탄수화물과 고당분 음식이 보편화한 세상, 사람들은 대부분 경각심을 느끼지 않습니다. 잘못된 영양 상식과 나쁜 음식 때문에 아이들이 병들어가는 것도 잘 모릅니다. 원재료에 신경 쓰고, 첨가물을 배제하고, 집에서 아이의 세끼를 만들어 먹이는 엄마들을 향해 사람들은 '유난스럽다'고 말합니다.

유난맘 프레임으로 힘들어하는 엄마들과 매일같이 메시지를 주고받습니다. 올바른 영양 상식을 실천하는 것인데 남편으로부터, 시어머니로부터, 친정 식구들로부터 핀잔을 받는답니다. 그깟 과자 좀 먹이면 어떠냐고, 빵 좀 먹는다고 어떻게 되냐고, 뭘 그렇게 어렵게 사느냐고요. 하지만 사방을 둘러보세요.

유모차에 탄 아기가 거치대 위의 스마트폰을 보며 고탄수 쌀과자를 먹습니다. 중식당에서 캐러멜색소가 범벅인 짜장면을 아이가 맛있게 먹습니다. 뛰노는 아이의 손에는 고당분 어린이 음료가 들려 있습니다. 조식 뷔페에서 밀가루 빵을 쌓아놓고 입에 초콜릿을 묻힌 채 오렌지주스를 마십니다. 세상이 변했으니 어쩔 수 없다고 하기에는 인류의 식단이 너무 짧은 시간에 많은 변화를 겪고 있습니다.

우리 몸이 진화하는 속도는 이처럼 빠른 변화를 따라잡을 수 없습니다. 이렇게 많은 당분을 처리해본 적 없고, 이토록 많은 독소를 해독해본 적 없으니까요. 그래서 어린 나이부터 몸이 병듭니다. 장담컨대 이 책을 읽고 아이를 건강하게 키워보려는 여러분은 우리나라 상위 1%가 분명합니다. 올바른 영양 지식을 받아들이고 식단에 적용하기로 했으니까요. 아이의 건강을 위해 책임감 있는 결정을 내린 특별한 부모입니다.

가끔 너무 힘들 때도 있을 겁니다. 처음부터 잘하는 사람은 없잖아요. 기관을 보내든, 보내지 않든, 부모가 양육하든, 가족의 도움을 받든 주어진 환경에서 내 아이의 먹거리를 위해 조금만 신경 쓰는 정도면 충분합니다. 가끔 깐깐하고 유난스럽다는 비난을 들을 수도 있습니다. 칭찬으로 소화해보면 어떨까요? "그래, 나는 우리 아이와 세상을 위해 좋은 일을 하고 있는 거야. 잘하고 있어!"라고 스스로 응원을 보내는 거예요. 자부심을 가지세요. 나를 믿고 태어난 아이를 위해 면역 밥상을 차리는 일인걸요.

저도 지난 10년여 동안 그렇게 제 건강을 바꿨고, 제 가족의 건강을 바꿨으며, 많은 사람의 건강을 바꿀 수 있었습니다. 여러분이 가려는 외로운 길에 항상 함께하겠습니다. 저는 언제나 여러분 편입니다.

INDEX

주요 재료로 요리 찾아보기

목초우 _____

참고문헌

Chapter 1

1   Nutrients. 2017 Sep 15;9(9):1021.

2   https://www.cbsnews.com/news/modern-wheat-a-perfect-chronic-poison-doctor-says/

3   https://journals.ashs.org/hortsci/view/journals/hortsci/44/1/article-p15.xml
    https://www.emerald.com/insight/content/doi/10.1108/00070709710181540/full/html
    https://www.mdpi.com/2304-8158/13/6/877)

4   제임스 디니콜란토니오, 《소금의 진실》, 도서출판 하늘소금.
    최낙언, 《생존의 물질, 맛의 정점 소금》, 헬스레터.
    조기성, 《소금의 진실과 건강》, 책과 나무.

5   제임스 디니콜란토니오, 《소금의 진실》, 도서출판 하늘소금.

Chapter 2

1   https://www.mdpi.com/2304-8158/11/21/3412

2   ansen, R. A., & Audeh, M. W. (1991). Hexane Toxicity and Neurotoxicity: Potential Risks Associated with Oil Extraction. Journal of Food Safety, 12(4), 335-345.

3   https://elissagoodman.com/health/the-surprising-connection-between-seed-oils-and-inflammation/

4   https://www.sciencedaily.com/releases/2010/07/100726221737.htm

5   POS PILOT PLANT CORPORATION, Harvard School of Public Health. "Ask the Experts: Omega-3 Fatty Acids." Accessed February 26, 2013, http://www.hsph.harvard.edu/nutritionsource/omega-3.

6   Gurr, M. I., Harwood, J. L., & Frayn, K. N. (2002). Lipid Biochemistry: An Introduction. Blackwell Science.
    Gunstone, F. D., Harwood, J. L., & Dijkstra, A. J. (2007). The Lipid Handbook with CD-ROM. CRC Press.

7   Acta Psychiatr Scand. 2019 Feb;139(2):185-193.

8   Neuroscience. 2013 Aug 29;246:199-229.

9   애드워드 불모어, 《염증에 걸린 마음》, 심심.

10 클라우스 베른하르트, 《어느 날 갑자기 무기력이 찾아왔다》, 동녘라이프.

11 https://www.msdmanuals.com/ko-kr/%ED%99%88/%EC%98%81%EC%96%91-%EC%9E%A5%EC%95%A0/%EB%B9%84%ED%83%80%EB%AF%BC/%EB%B9%84%ED%83%80%EB%AF%BC-b12-%EA%B2%B0%ED%95%8D

12 https://www.iminju.net/news/articleView.html?idxno=34447

13 https://www.westonaprice.org/health-topics/making-it-practical/milk-it-does-abody-good/#gsc.tab=0

14 Lancet. 1984 Nov 17;2(8412):1111-3.

15 BMJ 2014;349

우주맘의 사계절 튼튼 면역력 유아식

2024년 11월 1일 초판 1쇄 발행 | 2024년 11월 4일 2쇄 발행

지은이 김슬기
펴낸이 이원주 **경영고문** 박시형

책임편집 김유경 **디자인** 정은예 **사진** 정경아
기획개발실 강소라, 강동욱, 박인애, 류지혜, 이채은, 조아라, 최연서, 고정용
마케팅실 양근모, 권금숙, 양봉호, 이도경 **온라인홍보팀** 신하은, 현나래, 최혜빈
디자인실 진미나, 윤민지 **디지털콘텐츠팀** 최은정 **해외기획팀** 우정민, 배혜림
경영지원실 홍성택, 강신우, 김현우, 이윤재 **제작팀** 이진영
펴낸곳 (주)쌤앤파커스 **출판신고** 2006년 9월 25일 제406-2006-000210호
주소 서울시 마포구 월드컵북로 396 누리꿈스퀘어 비즈니스타워 18층
전화 02-6712-9800 **팩스** 02-6712-9810 **이메일** info@smpk.kr

© 김슬기(저작권자와 맺은 특약에 따라 검인을 생략합니다)
ISBN 979-11-94246-25-1 (13590)

쌤앤파커스(Sam&Parkers)는 독자 여러분의 책에 관한 아이디어와 원고 투고를 설레는 마음으로 기다리고 있습니다. 책으로 엮기를 원하는 아이디어가 있으신 분은 메일 book@smpk.kr로 간단한 개요와 취지, 연락처 등을 보내주세요. 머뭇거리지 말고 문을 두드리세요. 길이 열립니다.